新米味噌。用味噌醃的是「種子人參」，俗稱朝鮮人參。

徑山寺味噌醃的種子人參，請注意它們的顏色及形態。
就是俗稱高麗人參的朝鮮人參，日本自古以來稱為種子人參，
受到幕府保護的藥用野菜。

徑山寺味噌（日本和歌山縣、千葉縣、靜岡縣 等地生產的一種味噌）。
用杓子伸進去挖，會從桶底源源不絕地湧上來。
是遠足或登山時便當裡備受歡迎的美味。

雞蛋洗乾淨後用切蛋器切成一片片，
備端給來客吃。口感比乳酪硬，風味極佳。

味噌大學

三角寬

序文

三角寬

くまぬくすびのみこと

《上文》[1]中記載，明魂命大言教招命[2]教導人民語學及文字。並且，明魂命所撰之《上文》流傳於後世。由此看來，上面的文字應也出自明魂命所寫的《上文》。

起源於神話時代的味噌與醬菜

我從年輕時期開始，每每睡到凌晨三點就會自然醒。我認真思考過自己為什麼會這麼早醒。

想了很多，最後發現應該還是空腹的關係，而且是因為想趕快起來喝味噌湯，所以自然眼睛就張開了。聽說現在的上班族早上都讓老婆繼續睡，然後穿著睡衣目送老公出門，而老公則是到了公司再吃麵包喝牛奶當早餐。我是打死也不會讓老婆早上睡懶覺，而自己可憐兮兮在公司啃麵包的！

就因為如此，如果女傭或老婆大清早爬不起來，我就得自己煮飯了。畢竟我實在起得太早，不能這麼早把她們叫醒。但要我餓著肚子等她們起床又太痛苦，所以我乾脆自己進廚房煮飯和味噌湯。我十一歲時就發心出家，從小和尚熬成住持，所以煮飯和味噌湯對我來說是易如反掌。現在的女性連淘米的方法和煮飯該加多少水都搞不清楚，這方面我可比她們強多了。以前在軍隊裡不要說煮大鍋飯，就連野戰時的野炊，煮全軍的飯該加多少水也是靠我這個上等兵指示的。

因為如此，煮飯烹飪我是比女性還要熟練拿手的。所以只要肚子餓了，我可以自己兩三下就把飯煮好，醃醬菜更是難不倒我。

但是這樣一來，老婆或女傭的必要性似乎就降低了。所以為了彰顯她們的重要性，我必須盡量讓自己餓得肚子咕嚕咕嚕叫，等她們起床。人活在世上就是要不斷地忍耐，直到最後一刻為止。像這樣餓到快昏過去的早上，喝到味噌湯的那一剎那真是要讓人感激涕零。寒舍常備了約五十九種自家製味噌，我想日本全國的老饕或王公貴族家都不會像我家有這麼多種味噌。而能夠隨心所欲品嘗這些味噌的我，還真是個空腹貴族呀！

我在這篇〈序文〉中將提到，我開始做味噌是在二十六歲時和哥哥分家後，進入朝日新聞社當記者之後。而且剛進公司時我是專門跑社會新聞的，社會新聞記者的生活是以警察為中心，可以說是報社記者中最忙碌的。菜鳥時期真是把我折騰慘了，那段日子和現在一些隨便寫寫就能拿薪水的上班族記者的生活是無法相提並論的。

再加上我一進公司後，負責的地區就發生了當時轟動一時模仿怪盜亞森羅蘋的「說教強盜案」，所以我也是命中注定要一個人負責追蹤這個案件。

這樣的內容作為《味噌大學》的引言或許有點怪，但因為我和味噌有著切也切不斷的因緣，所以請讀者看倌把這個案子與我的關係也當成是一段很深的因緣，繼續看我接下來所寫的宿命論。

說起來，我們應該要先知道味噌這個日本獨有的主食品究竟是起源於什麼時代才對。

味噌對我們日本人的日常生活來說是不可或缺的。在本書中我引用了著名雕刻家朝倉文夫先生生前之言。在其中一段關於「味噌與母乳」的論述中，他說母親的乳汁與味噌是日本人最早的食物。

味噌的做法是我四、五歲時母親教我的。就因為這樣，我一直覺得味噌是家庭的重要支柱，只要有了味噌，一個家庭在生活上就不虞匱乏了。

每當要煮味噌的大豆時，母親就會將大灶底下掃乾淨，用鹽巴除穢後再升火。她還會叫家裡人都聚集在大灶周圍，向味噌之神合掌表達謝意。這個味噌之神是天照大神時期發明了味噌的神祇，名為熊野奇日命。據說祂最早在穴門之國[3]為人民發明了味噌。這個說法也證明了味噌應該不是由國外傳來，而是純正的大和製產品。要生灶火時，姊姊們提議是不是應該用紅淡比木[4]的玉串[5]來代替線香。在神社擔任神官的父親表示贊成，但母親卻說：「這個家代代都是信奉佛教，用線香也能夠表達我們的敬意。」所以最後並沒有用玉串。當時還是少年的哥哥問母親是否可以用神道祭拜時拍手的方式來拜味噌之神，母親則說：「可以啊，只要心存敬意，不管合掌或拍手都是一樣的。心裡要虔誠的感謝熊野奇日大人保佑我們今年也有味噌可以享用。」於是我們照著母親所說，對著神壇的木箱祭拜。

木箱中有個形式上的牌位，雖然已經被燻得黑黑的，但上面寫了這篇序文一開頭代表神明之名的十個文字。大人告訴我這是大友能直[6]家傳史書《上文》中的〈神代記〉記載的熊野奇日命的神名。

就像這樣，時至今日人們在煮味噌前，也會先對首創味噌的神明表達敬意，再謙卑地將歷代祖先傳承下來的這項珍貴資產傳授給子孫。這也可以讓我們體認到：味噌榮耀了日本這個千秋萬世的穀物豐饒之國。

我的宿命說因為「說教強盜」的出現，帶給我更深層的思考，還因而去鑽研宿命通的神通力學說。宿命通就是一種神通力，只是一般人對這樣的內容大概沒什麼興趣，我在這裡就不多提了。但大家對於「宿命」應該多少都能理解才對。

前陣子我上了六月十日（四十四年[7]）早上九點開始的富士電視台節目「小川宏電視秀」。由於最早「說教強盜」這個名稱是我想出來的，所以在節目中我簡略地向觀眾介紹了這個曾經轟動一時的強盜。我對這個強盜有著許多回憶，很想好好介紹一番，可惜受限於時間無法談太多。不過其他節目來賓的太太們倒是對我講的內容都很有興趣。

被這個強盜所侵入的受害人家的女主人對他都非常維護，沒有一個人願意跳出來告他強姦罪。關於這個部分，當時在錄影現場的婦女們都是一副理所當然的表情。這讓我大感意外，所以請主持人小川先生問問這些婦女是怎麼想的。她們回答：「如果這事情發生在我身上，我也不會跟警察說或是提告，就讓它過去吧。」這實在令人難以理解，而我之前提到的宿命說就是指這個部分。

遭到強盜與強姦，身為女性為人妻子，卻將受到傷害後應有的怨恨丟在一邊，反而同情這名強盜，這是她們的宿命。

這個強盜第一次犯案是在大正十五年[8]的十月四日，侵入了當時位於上板橋村十九號的白米商人小沼松吉家。接下來的五年中他多次犯下強盜、強姦的案子，讓東京陷入一片恐懼中。

當時的帝國議會通過了關於帝都[9]的治安決議案，而警視總監[10]也差點因而丟了官位。

只要是被這個說教強盜相中的人家，無論門戶多麼森嚴，他也能如入無人之境，輕而易舉地破門而入。然後他會進入主臥室，切斷電燈和電話線後來到主人的床旁邊，用海軍刀抵住主人夫婦，要他們忍耐一下，將他們雙手反綁後，用棉被蓋住主人，把女主人帶到另一個房間去。這段時間內犯人和女主人之間究竟發生什麼事完全沒有人知道。就連對在臥室中雙手被反綁的主人來說，自己的老婆到底在經歷了些什麼之後被放回來，也是個永遠的謎。

至於女主人則會在後門目送強盜離去。強盜在匆忙穿好衣服後會將凶器的海軍刀和手電筒藏好，以免在路上被臨檢。「那麼就再見了。」與他一夜纏綿的女主人開口道別，他也伸出油漆工強壯的手臂與女主人握手。對女主人來說他是一夜情的最佳對象，雖然老公正雙手被反綁困在臥室中。犯人依依不捨地告別，她邊握著犯人的手，邊告訴他：「路上要小心喔。不要走這條路，走左邊這條比較好。」犯人聽了點點頭，然後用力將女主人拉進懷中來個吻別，女主人也熱情地回應，兩人盡在不言中。結束了最後的擁抱，再度互道一聲：「再見。」

第二天的晚報再度出現大篇幅說教強盜的報導，刑警則飛奔至現場，雖然拼命蒐集情報，然而不僅是犯人犯案的路線，就連當晚被害的詳情也問不出個所以然來。到最後刑警只能苦惱地抱著頭不停追問：「太太啊！拜託妳告訴我，犯人把妳關在這個房間那麼長的時間裡究竟做了些什麼？這一點我實在是搞不清楚……」這個強盜的犯行就是這樣充滿了謎團。

當時我一邊追蹤這個案子，一邊利用在家的時間做味噌和醃醬菜。如果現在要我寫一本關於這個強盜妻木松吉的傳記，那麼加上被害者的心態等內容，我大概可以寫出一萬張稿紙的長篇鉅作吧。

整條的醃茄子最香甜

我為什麼會在味噌的序文中提到說教強盜這個與味噌毫不相關的主題呢？讀者們想必也很不可思議。但就如我一開始所寫的，要敘述我的生平，就必須要提到這個因緣宿因。

當時由於我在朝日新聞社還是菜鳥，所以被派去負責這個奇特的說教強盜案。有整整四年，我為了這個強盜不分晝夜、不眠不休地在東京都內外勞碌奔波。這不知該說是一段奇妙的因緣還是完全沒有料想到的宿命。

而我這輩子注定要醃醬菜和做味噌的這個宿命，也算是我人生的「業」，也就是佛教中的「身、口、意」三業。如果我家的祖業不是醃醬菜或味噌，或是我的父母沒有傳承這個祖業的話，我應該也對這個高天原[11]民族所創之釀造及醃製工程是一無所知的。

我出生於九州豐後[12]的三宅地方。三宅這個地名在古老的地方文物誌中也曾廣為提及，是平安時代[13]的穀倉，從小周圍的大人就告訴我：「這裡是日本以前的穀倉哦！」因為是這樣的一塊土地，所以流傳一些釀造之神的神蹟，也成為日本酒和味噌的生產地。大人還告訴我們某戶人家最早是熊野奇日命的老家，所以是味噌之家。此外，真菰村的士紳大宅遺跡據說是生津彥根大人[14]的老家，祂曾在這裡釀造「MASAKA」。生津彥根大人是第一個在天庭釀酒的造酒神，而「MASAKA」是酒的一種。以糙米釀造的是「MASAKA」，用純麥釀的酒則叫「MISAKA」。這也是三宅地方政府的米倉遺跡所流傳下來的知識。

我故鄉的這些古老歷史也讓我相信，我是純正的高天原民族後代。

雖說是記者，但像我這樣的社會新聞記者要常跑警視廳[15]、警察局或法院這些地方，完全不知道自己下一刻又要飛奔去哪裡，當然也不會知道自己什麼時候能吃飯。

因為如此，最保險的方法莫過於自己帶便當了，這樣只要時間及場所許可就可以吃。我總是讓家人幫我在便當裡裝好麥飯，然後自己再隨意裝些醃醬菜。

由於我帶的醬菜實在是種類繁多，所以每次只要一打開便當蓋，同事們就會流著口水圍過來。

「哇！那條醃茄子看起來好美味哦！」

「你都這麼說了，一定要分給你吃一點。」

於是我將茄子一條條分給同事。

「我也很想吃，不過這樣對你太不好意思了。」遇到這麼說的同事，我就不分給他。

「喂！你們不會自己帶便當嗎？」有時我會這麼說他們。

「叫老婆準備便當是天經地義的。」我不客氣地說。「光吃食堂的麵包或拉麵怎麼會有力氣打拼。偶爾叫老婆幫你做個便當嘛！」

聽我這麼說，他們會回我：

「我老婆不行啦，哪像你老婆是醬菜專家，每天都幫你帶不同的種類。」

「哦？你說我老婆是醬菜專家？」

「對啊，你老婆太能幹了，這麼好的老婆打著燈籠都找不到啊！」

「真是多謝你的讚美。不過很對不起，我老婆根本不會醃醬菜。你今天吃的、昨天吃的，還有前天吃的醬菜都是出自老公之手啊！」

「什麼！我都不知道，原來之前吃的醬菜都是你醃的!?」

「我說你們總是一副什麼都懂的樣子，其實是什麼都不知道。請問現在全東京要去哪裡找一個會醃醬菜的女人？」

「啊，我還真不知道這些都是你自己醃的。失敬失敬！」

對方都這麼道歉，我也不好再說什麼。不過我對這些人仗著自己是帝都的新聞記者就自以為無所不知的傲慢很不以為然。明明什麼都不懂還自以為很厲害。他們只要求老婆是女的就好，根本分不清什麼酒糟醃、米糠醃還是狗屎醃。他們能把充滿屎臭味的醬菜洗一洗之後很滿足以為這就是米糠醃，我真是服了他們。

「對女性來說醃醬菜是不是太難了？」

世上很多男性都會問這樣的蠢問題。他們也有常識，知道醬菜一直是女性在醃製的。這其實是微不足道的常識，但越自以為是精英分子的蠢材就越是只有這種程度。那些在指甲塗了紅油漆的女子怎麼可能會醃醬菜呢？

我舉的例子可能有點難度，但現在的女性連脆脆醃都不會做。忘了是什麼時候，我曾經在晚上做了母親教我的一種以醋脹法醃製的脆脆醃，第二天放了一點在便當裡味噌醃油菜的旁邊帶去上班。

不知道是不是味噌醃油菜太少見了，同事見了七嘴八舌地問個不停，於是我便趁機教育他們一下。有的人連油菜的名字都不知道，還問我「這是什麼蘿蔔葉啊？」要教育這種人其實是對牛彈琴，不過我還是告訴他們吃脆脆醃可以消毒口腔，如果能配茶一起吃更是能讓人神清氣爽。

不過他們連「醋脹法」這幾個字都唸不好，不是唸成「觸脹法」就是唸成「醋藏法」，就沒有一次唸對的。

所謂的醋脹法是先將蘿蔔用布擦拭乾淨，不要用水洗，直接切薄片，然後用八分醋醃著等它發脹。所謂的八分醋是將醋與水以八比二的比例調和即可。用這個八分醋醃製脆脆醃的方法就叫醋脹法。脆脆醃千萬不可以加砂糖，因為脆脆醃的特色就是用醋來突顯蘿蔔本身的清甜。

後來二次世界大戰開始，整個社會因為缺乏糧食而陷入恐慌。但即使在這種非常時期，還是沒有人從家裡自備便當。

就如前面所提，我從物資還很充裕的昭和二年[16]起就開始帶便當了，所以朋友都嘲笑我是個每天只吃麥飯配醬菜的守財奴。而且不用特別宣傳，這件事自然在友人間傳開，只要我一拿出便當，一定會有三、四個人圍上來看。而我也會趁這個機會宣揚醬菜的好處，順便勸他們自備便當。

有一次我便當裡帶了脆脆醃，剛好有個白痴問我：「這是什麼？」我就直接罵了他一句：「笨！」並且告訴他：「你吃一口看看！我只要想到東京的新聞記者當中居然有連脆脆醃都沒見過的笨蛋，就不禁想掉眼淚啊！我之前就說過，吃完飯之後吃兩三片脆脆醃再喝口茶，嘴巴裡殘留的味道就會一掃而空，感覺清新又舒爽，讓人精神一振呢！」

對舊假名舊漢字的信念

這本《味噌大學》及姊妹作《醬菜大學》都是整本書採用舊漢字及舊假名[17]。對接受戰後教育的讀者來說可能讀起來很吃力，但現在普遍使用的新漢字和新假名根本都是胡扯八道。如果不加以導正，日本的文化不知什麼時候就要毀在你們的手裡，你們還能夠坐視這樣的悲劇發生嗎？

不管誰怎麼說，我就是無法輕易地將日本固有學問棄如敝屣。在有生之年，我都會反對謬誤的新漢字與新假名。和古早味噌和醬菜這些天皇祖先傳下來的寶物一樣，舊漢字與舊假名也是祖先留給我們的文物，我堅持必須永遠守護它們。希望各位讀者也能秉持這種信念，與我站在同一條陣線。

昭和四十四年[18]六月

1 日本古史書。
2 神祇名。
3 現在的山口縣西部。
4 日本傳統宗教神道用來祭拜的樹木。
5 綁了特殊紙串或楮樹皮纖維的紅淡比樹枝，在祭拜時用來獻給神明。
6 鎌倉時代初期的武將。
7 西元一九六九年。
8 西元一九二六年。
9 東京。

10 相當於警政署長。
11 日本古代神話中神明居住之地。
12 現在的大分縣中部至南部。
13 西元七九四年至一一八五／一一九二年。
14 日本古神明。
15 相當於警政署。
16 西元一九二七年。
17 日本至第二次世界大戰結束為止所使用的漢字及表音文字。
18 西元一九六九年。

目次

味噌大學

手前味噌

課外篇　醬菜講義

醬菜補講篇

插畫・武谷榮直

味噌大學

藝の術

味噌大學　第一課——藝之術

所謂的味噌大學，就是要學習味噌的味道及道理、方法等大人的學問。「味噌」雖然只是簡單的兩個字，但其中之奧祕是諱莫如深。尤其對在都市長大的人來說，味噌指的就是食品店裡貨架上陳列的販賣用味噌吧。這些販賣用味噌幾乎都是速成品，其中誇張的可能只花七小時就釀製完成，然後被陳列在貨架上販售。

現在不僅是東京，連其他大都市所販售的味噌都是由廠商大量生產，並且都是一年內就釀造完成，很少有花費兩年製造的品牌。

所以一般只吃過販售用味噌的社會大眾一直到死，都不知道真正花時間釀造的味噌是什麼滋味。

就因為處於這樣的時代，味噌大學所提倡的學問正

母念味噌。

是應該被探求的。這門學問研究得越精深，越能夠豐富飲食生活，實在是具有深遠的意義啊。

早在帝國大學[1]時期便創立了東京大學人類學教室的長谷部言人博士曾說，「人類學」這個學名其實應該將「類」字去掉，既然是研究「人」的學問，就該稱為「人學」才對。最近挖掘古蹟的學術活動盛行，學者會對出土的人骨進行測量，這也是一門學問。

然而卻沒有人研究過這些古代的人骨究竟是由哪些食物成分構成的。食物不但讓人類維持生命，同時也是人體骨骼成形的基礎。所以飲食生活在人類學領域中也是一個重要的研究課題，然而卻尚未有學者對這方面進行研究。

難得有這個機會讓我在這裡闡述味噌這門學問，這在學術及藝術上都具有很大的意義。

我之所以在這裡提到「藝術」，是因為味噌大學所研究的學問無論起點或終點都在於「藝之術」，因此在藝術上的意義也是極其深遠的。

事實上，人生的所有事物都是生命的展現，所以生活中的一切也都是一種藝術。而其中飲食生活又屬於自然的藝術，每個人每天都在自然的體現這項藝術，否則就無法存活下去。

如果有人以為只有音樂、繪畫或舞蹈才算藝術，那只能說他們就像是沒有知識的文盲，是一輩子都不明白事物道理的可憐人。

我時常會回想起少年時母親教我的「味噌歌」。這首歌之所以讓我這麼懷念並流下眼淚，也是因為它總是讓我感慨地想到萬物的道理，所以會流下感激的淚水。

うゑつけの　まこと　たごめば　すのすべは　おのづとあぢに　いきるものかや

（種植作物時若能懷著誠心，就用對了方法。這個方法自然會讓收穫更加美味。）

我出生於九州高千穗山峰北邊的山村裡。平日總是邊煮味噌豆或是喀啦喀啦地推著磨，邊聽母親唱著「搗稗歌」。但搗味噌時母親一定會唱「味噌歌」，並解釋歌詞的涵義給我聽。

「做味噌就像うゑつけ（種植作物）一樣，還有醃蘿蔔也是，都和播麥種一樣是うゑつけ。雖然做味噌和醃醬菜不需要播種，但就如同撒下種子後培育長出的新芽是一樣的道理。要將周圍的雜草拔除，還要施肥，否則好不容易發的芽就會死掉，不發芽農作物就無法結實收成。所以うゑつけ的漢字就是用手拿掉（手執）野草的意思。你祖父總是說不管是中國或日本，事物的道理都是一樣的。這首歌就在說うゑつけ這件事如果沒有誠心就做不成，所以『術』[2]是很重要的，而且這個『術』能自然讓收成物變得美味。」

將麴搗入大豆中。

從我還不到十歲起，每到年底搗味噌時母親就會唱這首味噌歌給我聽。然而連母親都沒發現這首歌的歌詞其實是一種藝術論，更何況還是小學生的我了。

直到我看到既是味噌歌也是醬菜歌，用來歌誦「藝之術」的和歌[3]被配上了漢字，才發現它是一種正確藝術論。這是我剛進朝日新聞不久的事。

藝の　誠手込めば、その術は、
自と味に生きるものかや

不知從什麼時代起，也不知道是我祖先的第幾代開始，這首味噌歌成為我們的傳家之歌，但曾幾何時這首歌在高千穗山峰的北側地方就像搗稗歌一樣，被傳唱至後世。

這首歌的內容變成我們日本人的血肉，讓包括我在內的日本民族生存至今。原來這首歌裡的「術」是代表釀味噌的方法，是法則，是事物的道理，是途徑，是手段，是智慧，是勞動，是技巧，是學問，也是技藝。

而一般的「術」指的是手段及方法。只有當這一切都體現在味道中，才能算是藝（うゑつけ，種植作物之意）結了果實的美味味噌。也因為這樣，味噌的味道必須要能夠滿足舌頭和心靈，才能稱之為藝術。

作味噌的詔書

那麼，達到藝術境界的味噌究竟是在什麼時代，又由誰創始的呢？

這個問題既屬於考古學，又是人類學以及歷史學，然而卻沒有一個學者能夠回答這個還是關於飲食學的問題。在記載了各種古代事物的《古事類苑》[4]一書中，

味噌酒糟。

有關飲食的章節引用了許多文獻，雖然可供參考，但多半都是關於近代的記載，很少有關於古代歷史的，也因此完全沒有提到味噌的創始者。

但是其中對味噌這個詞的語源做了很多討論，只是這些學說都是出自中國傳來的漢字文獻，所以沒有真正使用大和語[5]的研究文獻可考。

日本人似乎喜歡將所有日本的古老事物都說成是從中國或朝鮮傳來的。不知道是不是因為這樣，有人主張日文的味噌一開始是用「未醬」這兩個漢字表示。在《塵袋》[6]中還有一段無聊的記載，謂：「『味噌』這兩個字究竟是原本就有的詞，還是音譯的詞？實際上原本是寫作『未醬』，是傳入日本時日本人誤寫成『未醬』也。」

由此可知在古代曾有一段時期古人用各種漢字來稱呼味噌，還曾經只以「醬」一個字來表示味噌。不過原本就有一種類似味噌的調味料名為「醬」，故硬要將「醬」讀成味噌實際上是不可行的。只是歷史上的確曾經以「醬」字來代表味噌過。

在味噌歌中完全沒有這種接近漢語的詞，使用的全都是大和語言。雖然うゑつけ用的是「藝」這個字，但うゑつけ這個詞本身是純粹的大和語。

此外「術」這個字有許多日文的讀法，所以雖然是個漢字，但表現其字義的讀法也全是大和語。《萬葉集》[7]中就有將「術」字發音為「SUBE」[8]的長歌[9]，由此可知這個字在日文中就是方法、手段的意思，並且不是來自漢語，而是神國日本原本就有的語詞。

綜合以上事實可以知道，味噌並不是從中國或朝鮮傳來的。它的製造方法，也就是「術」(SUBE)，是由日本首創，並只在日本普及傳承，是一門純國產的藝術。

最是美味慈母之乳汁，其次乃味噌
早晨之味噌湯滋養吾之血肉

我的血肉就是依靠母親的乳汁與味噌湯來賦予生命力至今，因此我們祖先發明味噌的智慧實在是一種無比的巧智啊！

誕生於日本的味噌，才

是讓全日本人得以子孫世代綿延，對我等有生命之恩的食糧。而這麼重要的味噌，究竟是在什麼時候，又是由誰創造了這樣美味豐饒的好滋味呢？

貞應二年癸未三月[10]，從四位[11]侍從豐後國守護職[12]之大友左近將監、藤原朝臣能直公[13]所編，以神代文字[14]所寫成之《上文》中，在上代歷史四十一卷中的第三卷有這樣一段詳細記載下詔釀製味噌的文字：

熊野奇日命　與　熊也奇日女命　自天界降臨至　穴門國　釀製MUSHI（味噌）下傳至人間

這段紀錄的一開始寫著：

天照大神[15]　對生津彥根命　以及　生津媛命說　你們這對神明夫妻　釀造天之酒後下傳至人間

此外　對熊也奇日命　以及　熊野奇日女命說　你們這對神明夫妻　釀製MUSHI（味噌）下傳至人間

這就是釀酒及味噌的元祖神明接受高天原[16]被任命的源頭。酒是指派了生津彥根命及其妻生津媛命這對夫妻，味噌則是指派熊野奇日命與其妻熊野奇日女命這對夫妻負責。

由於這道詔令是在高天原所下達，故曰：「釀造天之酒，下傳至人間。」、「釀造味噌，下傳至人間。」命令這兩對神明降臨至人界。並曰：「你們這兩對神明夫妻，必須從現在起降臨至人間，為人民釀酒及味噌。」

這就是味噌歷史的起源，也是目前最古老的一個文獻。這段文字中更詳細敘述了酒及味噌的材料以及釀製方法，這在詔書中都有敘述，我將其留至後面「味噌的做法」這個段落再加以詳述。

透過這段文字各位讀者應該了解到味噌原來的名稱是「MUSHI」，和現在的味噌（發音MISO）音相近，和高級宮女或公卿使用的上流語中的「MUSHI」意思並不同。此外味噌是由相傳是女性的天照大神所創，而負責將其推廣於人間的神明則是熊野奇日命與祂的妻子熊野奇日女命。

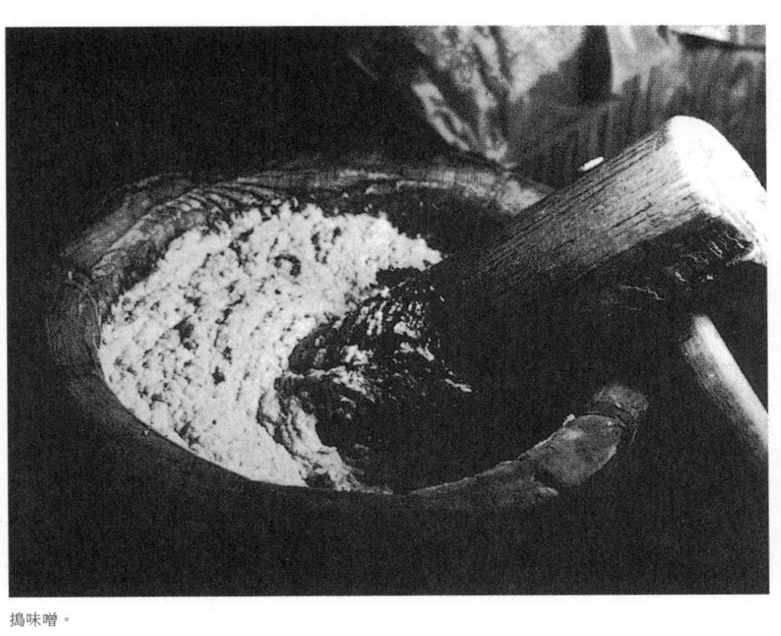

搗味噌。

營養之靈藥

被天照大神任命「釀造味噌下傳至人間」的一對神明在天界修成了做味噌的技術後降臨至人間，遵從詔命先開始在「穴門國」進行味噌的推廣。

所謂的穴門國是長門、周防、安芸等地方的古名，也就是現在的山口及廣島縣。在天界下的詔令中還提到：「酒當為醫藥，味噌當為練藥。」充滿著神明的慈愛。

由這一段文字也可以得知酒與味噌都被當成長命之藥及人民的營養劑普及於人世，並流傳至今。

做味噌，也就是「藝」（種植作物），就必須釀麴。而要釀麴，就必須將米或麥蒸熟，再加入種麴後方能釀成。

仔細思考，這個方法、這門釀造學在高天原被發明後，美酒及味噌便為我們的體內注入了營養，我們又怎能不驚歎於老祖先的智慧之高深呢！現代人只會對文化的進步沾沾自喜，但是發明得出比味噌更加美味的民族食物嗎？

這是根本不可能的事！照片中的臼和杵都是古代之物，現在已經很少看到了。

1 現在的東京大學。
2 方法。
3 日本古代的五言或七言韻文。
4 明治時代政府所編纂的百科全書。
5 日本語。
6 日本於西元一二六四年至一二八八年左右的鎌倉時代後期編成的百科辭書。
7 七世紀後半至八世紀後半編纂，日本現存最古老的和歌集。
8 日文中方法之意。

---

9 和歌形式的一種。
10 西元一二二三年四月。
11 指官位。
12 官名。
13 大友直能，日本戰國時代武將，豐後國之統治者，左近將監為官名，藤原朝臣為其本姓。
14 日本在漢字傳入之前所使用的古文字。
15 日本神話中的神明，為皇室的祖神。
16 日本神話中神明居住之地。

手前味噌

味噌大學　第二課——手前味噌

前幾天我在某本雜誌上看到一篇由宮內廳[1]著名的料理老師所寫的文章。這位老師在文章中也寫著味噌是從中國或朝鮮傳入日本的。因為他並不知道，就如同我在第一課裡所述，味噌是日本自古就有的國食。

日本人與味噌有著密不可分的關係。而我認為詳述這段關係的歷史背景以及味噌流傳至今日的過程，對《味噌大學》來說也是很重要的內容。只是如果我在這裡繼續闡述下去，可能讀者會覺得看得很吃力，因此我會另擇機會再加以說明。現在我將先介紹誰都學得會的味噌製作法。

如果一次要做大量的味噌，就需要特殊的工具與容器，對想要試做看看的人很不方便，因此我介紹的是少量味噌的做法。一開始可以先試試看最平常、既大眾化又適合家庭食用的「米味噌」。所謂的米味噌，就是將米麴與大豆混合製成的味噌。

長壽的祕訣就在味噌

每個家庭的環境都不盡相同，有的家庭是住國宅，有的住公寓，有的則是租屋。而這種自製味噌不受限於家庭環境，即使是忙於唸書只能買現成東西吃的考生，只要習慣後也可以輕鬆上手。如果是尚未出嫁的女性，也希望妳能當成是在預習如何做個好媳婦，務必試試看自己做味噌。畢竟如果只知道怎麼生孩子，卻不會做味

從蒸籠中將蒸好的飯攤在薄榻榻米上冷卻。

噌，那麼人生未免也單調乏味了。

既然生為人來到這個世間，如果不能活久一點，也太對不起生命。我曾經直接拜訪了三十一位活到百歲以上的長者，詳細地詢問了他們的飲食習慣，其中沒有一個人是討厭喝味噌湯的。

在茨城縣的猿島郡有一個淨國寺。這個寺廟據說是奉親鸞聖人[2]之命所創建的古蹟。前任住持的妻子在百歲誕辰時眾人為她祝壽，而獲邀來賓均獲贈一個紀念杯。她的孫子內手俊光大師請我在這個杯子上題個「壽」字。藉這個榮幸的機會，我得以直接向這位住持妻子請教長壽的祕訣。她回答我，味噌湯就是她活力的泉源。

門外漢談味噌

在介紹味噌做法之前我想先提一件事，就是關於前幾年在《朝日新聞》上連載並大受好評的名家專欄「我家的味噌湯」。這個專欄是當時朝日新聞文化部長扇谷正造先生的構想，正好對了讀者的口味，受到廣大的支持。然而在我看來，這些專欄名家的太太們簡直是一群天兵，讓人覺得很有趣。

這些名家們在專欄中寫道：「我家用的味噌是淺草

某某屋的味噌」，或是「我們家從以前就一直都是購買品川某某屋的味噌」，然而她們用的味噌究竟是麥味噌、小麥味噌，還是米味噌，或是只用大豆製成的辣味八丁味噌、大豆味噌呢？她們是完全搞不清楚。

這些太太都以為只要價錢貴、苦味強、僅用大豆製成的味噌就是高級味噌。我笑說她們根本不是在討論味噌湯，只不過是在炫燿湯裡加的料罷了。井底之蛙到了這個程度，也只能幫她們鼓掌了。

味噌的味道就是味噌菌的味道

順便一提，也算是一種宣傳吧。懷石料理店「過留」的老闆在他的著作《味噌湯三百六十五日》中寫道，他認為味噌湯需要有七十五度的熱度才行。但這是不對的。

如果是假的味噌就另當別論了，但真的味噌用五十度以上的熱度去沸騰的話，寶貴的味噌菌就會被破壞掉。味噌菌最適合生存的溫度是四十五度，所以盡量在四十五度時熄火是最理想的。可以先將加入湯裡的料用湯底煮熟後，將火候調小至五十度以下，再加入味噌，才是最符合味噌特性的味噌湯煮法。

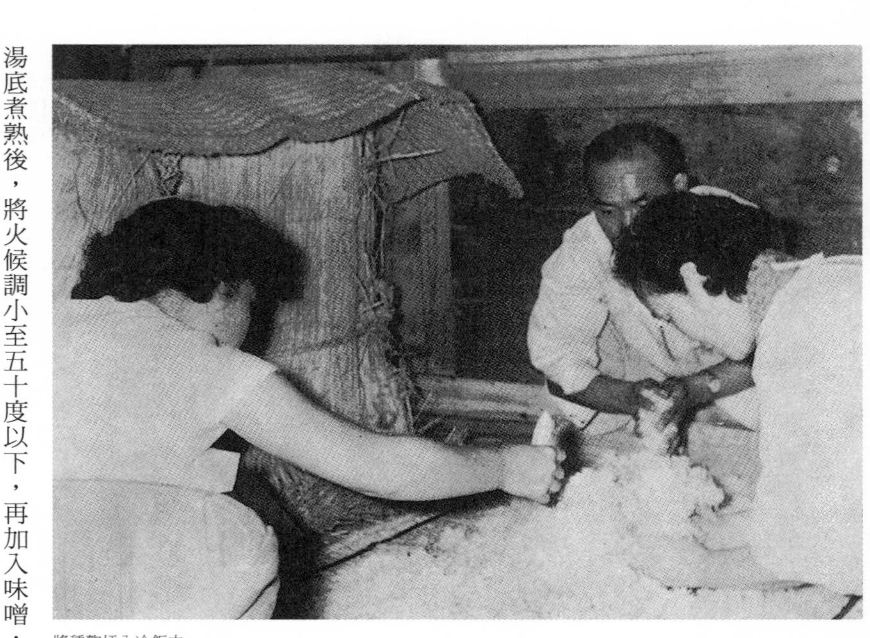

將種麴插入冷飯中。

味噌的本質在於大豆

接下來我就來介紹每個人都能簡單上手，而且又美味的正統米味噌做法。

材料必須先準備大豆一升[3]與米一升以及鹽巴三合[4]，不過由於要買麴加進去，所以就不需要準備米了。

大豆一升重三百八十匁[5]，差不多是一四三〇公克左右，將其用水浸泡。當然要先洗乾淨後，再將帶皮大豆浸泡在約大豆量三倍的水裡五至六小時。

就如大豆的詳細成分分析表所示，大豆的主要成分是蛋白與脂肪，也是養分之王。而大豆以日本內地產的品質最佳，其次是北海道，再來是滿州[6]。戰後開始有大量美國大豆輸入，但美國大豆的品質是最差的。

泡水後膨脹得越大，代表大豆的品質越好。日本大豆的特色就是泡水後會膨脹一倍以上。為了寫這篇稿子，我特地做實驗，將昭和三十九年[7]度日本內地產的一升新大豆泡了六小時的水。事實證明結果大豆增量為二升四合（八百二十匁）三〇七五公克，膨脹了兩倍以上。

味噌麴的位置

接下來是米。米也是以日本產的品質最佳。分量也是一升即可，必須和大豆的分量相同。如果大豆原本是一升，那麼米也要準備一升。

不過米必須發酵為麴。而發酵這個過程對住在都市的人來說相當麻煩，不但需要蒸米用的蒸籠，發酵時也需要專門的溫室。如果沒有溫室可用，也可以改用棉被或草蓆將米飯包住以發酵，但這也需要很大的空間才行。因此麴可以直接在食品行購買現成的即可。由於必須與大豆原本的重量相同，因此如果大豆泡水前是一升，那麼米也是泡水前的一升。只要一泡水，大豆和水都會膨脹。

至於會膨脹到什麼程度，會依其產地、培育方法、新舊等因素而有所不同。越舊的大豆或米會膨脹得越大。米和大豆比較起來，大豆會膨脹得較大。因此要記住這一點，讓膨脹後的米與大豆量不要相差太多。例如一升的大豆可以搭配一升五合至六合的米，這樣膨脹後兩邊的分量就會相當了。

這部分的斟酌與製作者的頭腦好壞有關，所以最好多加練習，畢竟我也不可能一一當面傳授。決定味噌美味與否的關鍵就在麴，所以要記住麴是能夠提升大豆風味的提味劑。一般如將一升米泡水後會膨脹至一升三合以上。將其蒸熟再拌入麴菌、發酵成麴後大約有將近二升六合左右。而原本一升米泡水後大約只會膨脹至四百匁（一五〇〇公克）左右。所以如果是在食品行購買現成的麴，要注意只要購買這樣的量即可。

麴的市價在昭和三十九年十二月十二日是一片一二〇日圓，一片的量約是三合五勺[8]，重量為九十五匁（三五〇公克），因此購買差不多八片就可以。

左右味噌生命的鹽

接下來是鹽。鹽巴對維持味噌及醬菜生命有著重要的使命與地位。古早開始就以「幾合鹽」或「等鹽」來表示保持味噌生命的標準分量。

所謂的二合鹽，是指一升大豆以二合的鹽來醃。如果是一斗[9]的大豆則鹽為二升，一石[10]的大豆則加二斗的鹽。而「等鹽」則是像一升大豆就加一升鹽巴，也就是鹽巴的分量要相等的意思。這個等鹽味噌會鹹得讓人跳起來，所以一定要放三年，等鹽巴與味噌的味道中和了，到第四年再拿出來吃。這種味噌用的米麴很少，主要是用大麥麴、裸麥麴、小麥麴去釀的味噌，多半是農家製造的。他們會將味噌的渣滓過濾出來，當成牛或馬的飼料。普通的米味噌會用二合鹽或三合鹽，最多到四合鹽。這個比例是對一升大豆的鹽巴量，不是對麴的量。麴也和鹽巴一樣，是用來與大豆混合後發揮味噌特性的重要角色。

由此可知，大豆是味噌的主要材料。至於大豆中的麴應該多放一點還是少放一點這個問題，應該說麴的量比大豆多的話，味噌會比較甜，相對地味道也會比較好。但比大豆多也不能太多，麴的量不能超過大豆的兩倍以上，最多只能放一倍半到兩倍是最恰當的。

至於鹽，放三合鹽會比四合鹽更早可以食用，二合鹽又比三合鹽更早可以食用。用二合鹽醃的話第三個月就可以吃了，三合鹽的話就大概再晚一個半月至兩個月味道就會中和了。四合鹽的話又要更久，大約再晚三個月吧。

不過相對地，鹽放得越多味噌就可以保存得越久。放四合鹽的話能夠放十年左右不會壞，味道也會枯掉。所謂味道枯掉是指味噌菌產生變化。用顯微鏡看，就會發現新的味噌菌正在快速繁殖，而新菌與舊菌交替變化就會產生某種作用。這部分的科學理論就連學會都尚未發表，枯掉的味噌又是一種絕妙的滋味，但這個研究一定要家裡保存了大量味噌的人才有辦法進行。

耐心地水煮大豆

我將米味噌的做法歸納如下。

就如同我之前所說的，先將一升大豆泡六個小時的水。將大豆撈起來後，原本一升的大豆會膨脹為二升四合。將膨脹的大豆水煮十五至十六個小時，要煮到放進嘴巴後用舌頭輕輕一壓就爛掉的程度。如果水煮乾了就再加水進去。

要出門的話就把火熄掉，回家之後繼續煮。不要著急，耐心地熄火、再開火煮，花兩三天都沒有關係。煮爛之後也不要心急，把鍋子從爐子上拿下來之後讓它自然冷卻。之後可以直接用木棒搗，如果怕將鍋子搗壞，也可以將大豆移到其他盆子中搗，一定要搗得很爛才行。

如果有絞肉機的話，一眨眼就能將大豆絞得爛爛的。我家之前是將大豆放進臼裡用杵去搗，但現在都是利用絞肉機的力量。四斗左右的大豆都可以在很短的時間內就完成。

將大豆搗爛後，加入煮大豆的水混合攪拌。這個煮大豆的水俗稱「飴」，是脂肪的濃縮，能夠讓味噌更加美味，所以千萬不要倒掉，與搗爛的大豆混合後，加上二合至四合的鹽後充分地攪拌搗爛，再放入缸或瓶子裡。最後將買來的米麴全加進去，同樣攪拌搗爛後將表面糊平。

然後上面蓋一片大昆布，用力壓緊，再用一塊板子蓋住，上面放一塊拳頭大小的石頭。最後包一層塑膠布，用繩子綁起來，以防止灰塵或蒼蠅跑進去。接下來就等它釀造完成了。

大豆要煮得放進嘴裡用舌頭一壓就爛。

所謂的手前味噌 11

大約三個月之後就可以食用了。在這段期間裡每十天就要將味噌翻攪一次來調整味道。

我所寫的這些方法都稱為「藝之術」。等到三個月之後，將蓋子打開食用，如果吃不出釀造者的誠心，那麼這個味噌就不能稱之為藝術。所謂的手前味噌，就是每個人釀出的味道都會有自己的特色風味。如果說因為按照三角寬的講義所做的，所以釀出來的味噌也是三角寬的味道，那麼就是失敗的味噌。

如果是山中君釀的味噌就是山中君的味道，川中女士釀的就是川中女士的味道，山川夫人釀的有山川夫人的味道。就像人的個性一樣，就因為每個人釀的味道都不相同才是真正的手前味噌，因此山川夫人的味噌沒有山川夫人的味道，山中君的味噌中沒有包含山中君的誠心，就不能稱之為手前味噌的藝術。為了讓讀者不要釀出三角寬味噌的假貨，這點我一定要再三叮嚀。有千萬個人，就會有千萬種個性。

明白這個真理後，做味噌也和人類的指紋一樣，沒有一個人是完全相同的。所以如果做出來的味道無法表現出製作者的特色，就不能稱為是藝術。這是我要再三強調的。

1 日本的行政機構，負責與皇室相關的國家事務。
2 日本有名的僧侶，歿於西元一二六二年，為日本淨土宗始祖。
3 日本舊時採用的容積單位，一升約為一．八公升。
4 日本舊時採用的容積單位，一合約為一八〇．四毫升。
5 日本舊時採用的重量單位，一匁約為三．八公克。
6 中國東北地方及俄國沿海一帶。
7 西元一九六四年。
8 日本舊時採用的容積單位，一勺約為一八毫升。
9 日本舊時採用的容積單位，一斗約為一八公升。
10 日本舊時採用的容積單位，一石約為一八〇．四公升。
11 「手前」在日文中為「自己」之意；而「手前味噌」有自誇自滿之意。

麦味噌

味噌大學　第三課——麥味噌

要徹底精通味噌這門學問，麴是很重要的。只是一般人不會有時間去追求麴學，所以在這裡我省略不談。接下來我將說明用麥麴製作麥味噌的方法。

在上一課我已經說明了米味噌的做法，各位讀者應該已經知道米麴要怎麼做了。就如我說的，只要說到麴，大家應該就只會想到米麴。

市面上販售的麴也都是米麴，買不到其他種類的麴。所以如果想做出美味的麥味噌，就必須自製麥麴。然而要做麴就要準備許多工具，非常麻煩。懶得自己做的讀者可能覺得接下來的說明文字讀了也沒意義，不過還是請各位先將就讀一讀，或許哪一天會有幫助。

如果有讀者覺得原來世界上還有像三角寬這樣的怪胎，會自己做幾十種味噌然後沾沾自喜。這樣的發現或許對社會學也有點幫助。

我將會在這第三課中說明「麥味噌」。麥味噌可是味噌中的大牌，味道也是味噌中的王者。

池田勇人[1]在擔任大藏大臣[2]時曾說過「窮人沒飯吃就吃麥」這種話，引來一片撻伐。但如果他是說「有錢人就吃麥」的話，那可是很有道理的金玉良言啊！以營養保健的角度來看，其實光吃米飯是無法長壽的，只是社會大眾都沒有發現這個事實。池田勇人原本可以趁機給國民一個很好的飲食教育，真是太可惜了。

而且他一定也以為白米是有錢人的食物，麥則是窮人吃的，才會把這個想法直接說出來。後來官拜總理大臣的池田勇人因為吃太多米飯而死於癌症。如果他平常多吃麥，就不會得癌了。

然而社會大多數人的想法都和池田一樣。就連我家人也是這樣，所以我很不高興。我從以前就是吃麥飯，《婦人畫報》雜誌還曾經特別介紹過這個麥飯。然而我家卻只有我一個人是麥飯的信徒。無論是我死去的老婆，以及女兒、女婿、孫子，還有眾多僕人，就連養的兩隻狗，都只愛吃米飯。如果我命令大家都吃麥飯，那可能全家都要憤而罷工了吧。我的一個司機還說：「麥飯這種東西是人吃的嗎？」

這股風潮自池田的發言以來似乎有越來越盛之勢。就連原本還會勉強陪我吃麥飯的老婆也開始只幫我準備麥飯，自己則再也不碰而跟著養子吃白米飯，最終死於癌症。

拌米麴菌。在蒸好的米飯上拌入米麴菌。

我的養子和女兒就是這樣，拼命吃白飯，卻對麥飯不屑一顧。

這幾個大逆不道的孩子完全不肯吃父親釀的味噌，只吃買回來的。真不知道該同情還是可憐他們，我看他們快有報應啦。

麥味噌乃味噌之王

鄉下地方的味噌以麥味噌居多，所以常可吃到純正味噌的好味道。而在都會是買不到麥味噌的，所以都市人只吃過不好吃的味噌，就連麥味噌的滋味也沒嘗過。

農村地帶會製作麥味噌，然後將味噌的渣滓當成飼料去餵牛馬，他們稱之為「馱飼」。將稻草或乾草剁碎，與米糠混在一起，再淋上攪拌了味噌渣的熱水後全部和在一起，就可以給牛馬吃了。將摻了味噌渣的水給牛馬喝，還可以讓牛馬的毛色更加有光澤。所以從古早時期開始，農家就會製作人馬都可以食用的麥味噌了。看到骨瘦如柴或是毛色缺乏光澤的牛隻馬匹，農夫還會說是因為沒有給牠喝味噌湯呢！

農家的麥味噌是將帶皮的麥子做成麴，這是為了將皮給牲畜吃，而人就吃麥。也因此在吃鄉下的味噌時還必須先研磨，要準備缽和木棒還有篩子才行。

將味噌用這些工具篩過後煮成的味噌湯，和市面上買來的米味噌的味道簡直有天壤之別。

這個麥味噌有大麥、裸麥和小麥三個種類。大麥比裸麥好吃，而小麥的性質又完全不同，以味道來說它的香氣比較複雜，有點接近醬油。要做味噌醃醬菜時小麥味噌是最適合的。小麥是在做徑山（金山）寺味噌時不可或缺的材料，在味噌麴的排名中也是很高的。用徑山寺味噌醃的醬菜可說是味噌醃醬菜之王，沒有比其更加美味的了。

不識味噌的廚師

我去旅行的時候一定會隨身帶著味噌、味噌醃醬菜以及一般醬菜。因為旅館或飯店的味噌湯和醬菜我實在是吃不下去。某些旅館的老闆自豪地向我介紹他們的廚師是一流的，然而其中卻沒有一個廚師能夠將我帶去的味噌或醬菜料理得很好。他們都拿我的味噌醬菜當一般市面上賣的現成品處理，所以味道都弄得難以入口，居然將我的紅梅醃生薑切成五分寬[3]、一寸[4]五分長，三分厚。此外在銀座還有一家料理屋，老闆以前是關取[5]。有一次有朋友

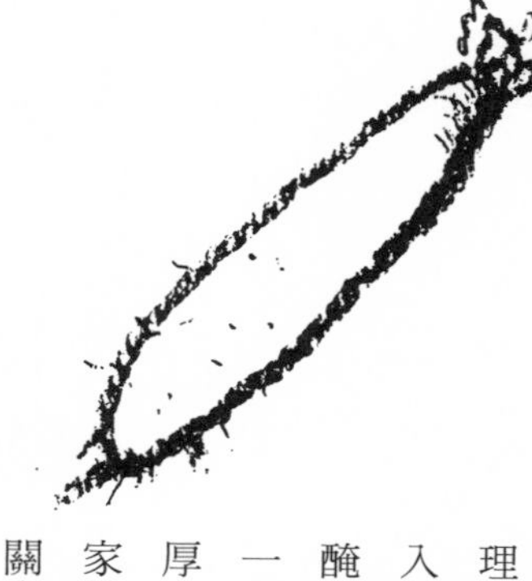

在這家店辦喪事後的聚會，所以我特地帶了帶葉澤庵去，結果廚師將澤庵切成寬約五分的細長條，放在大盤

6 將麴倒進已經搗爛的麥中。

子上端出來。他把帶葉澤庵當成一般的假澤庵處理了。這個廚師連在料理帶葉澤庵這種高級品時，應該要先詢問主人的這個知識都沒有。而且他還把蘿蔔的葉子都給我切掉而且丟了，簡直是無可救藥。葉子才是最甜的部分啊！那須[7]皇室御用邸附近有家旅館，一次廚師來到我的桌前問：「您的味噌我已經充分過濾了，請問湯底用柴魚和味素可以嗎？」我說：「絕對不能用柴魚和味素。湯底要用小魚乾和蘿蔔乾。如果沒有蘿蔔乾就用香菇代替。」接著，我問了一個重要的問題：

「你剛剛說味噌已經充分過濾了，有過濾出什麼渣滓來嗎？」廚師不解地歪著頭回答：「是有一點點渣滓。」我告訴他：「我給你的是麥味噌，那是不用過濾的。過濾之後味道反而會變差，所以要直接放進湯裡。」廚師聽了說：「我以為味噌都是要磨過濾過後再煮的。」「你說的是鄉下味噌，我這種是本來就不需要過濾的，就算濾也濾不出渣滓來。」結果他問我：「哦？我看您味噌的包裝紙上寫著『母念堂』三個字，請問這是哪家味噌店呢？」在座客人聽了都哄堂大笑。「母念堂是我家味噌倉的名字。」我告訴他。「哇，原來是您

徑山寺味噌。醃的是刀豆。

的味噌啊！哇！」廚師聽了不停地這麼喃喃自語。由此可知廚師的腦袋裡都認為味噌是要過濾去渣的，這也是因為他們只認識與牲畜共同生活的人所製造的味噌。

人類專用的麥味噌

跳脫與牲畜共食的味噌，我們來看專為人類製作的味噌，那就是母念堂，也就是三角家傳的麥味噌。做這種味噌時要先將麥的原料搗成去殼的白麥。如果量少的話可以放進臼裡用杵去搗，量大的話就用水車研磨。不過現在都是用機器搗麥了，既方便又快速。

要買搗好的麥只要去米店就可以了。不過像東京或大阪這種大都市的米店雖然有賣押麥[8]，但丸麥[9]及小麥是買不到的，所以必須先拜託米店進貨才行。一般的五穀雜糧店或許有賣。最近有些店還在推銷去殼的白麥，不過如果是米店的話已經不願意幫客人去殼了。

完成後的大麥麴。

從牽線到出麴

去皮白麥　一升

麴菌　八公克左右

大豆　一升

鹽　三合

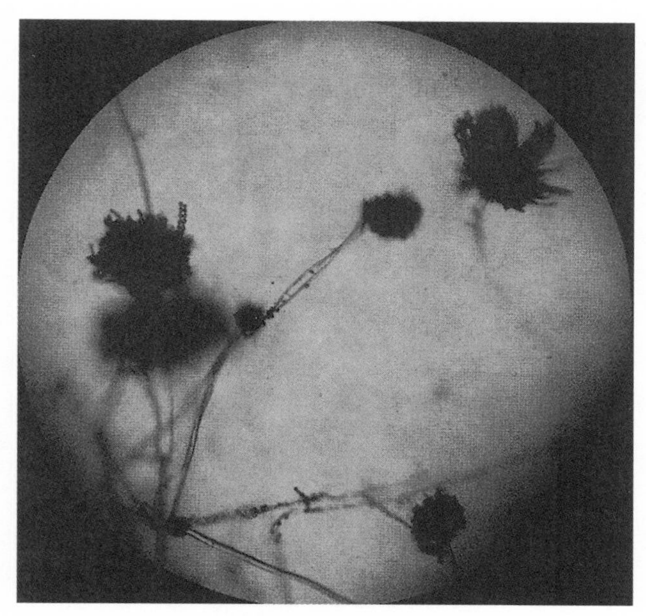
使味噌更加美味的麴菌（顯微鏡照片八百倍）。

以上就是麥味噌的四大材料。

首先將一升的大麥或裸麥用水洗過，洗的時候可以不用那麼仔細，只要水看起來變清即可。洗完後就和煮飯一樣，放一倍的水浸泡幾個小時。麥類與米不同，泡了水就會膨脹得很厲害。

當然，泡水後膨脹的程度會依據產地的土壤性質而

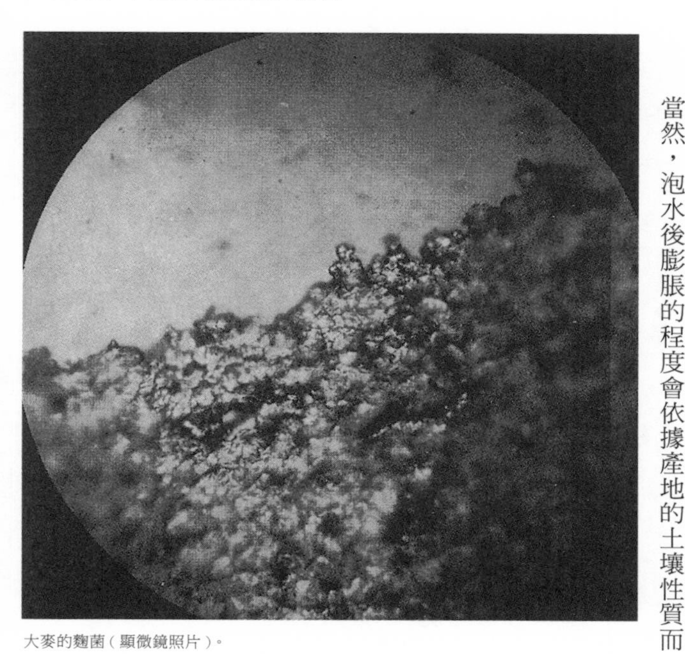
大麥的麴菌（顯微鏡照片）。

有所不同。但多半會膨脹五成以上，有時比較特殊的品種還可能膨脹一倍半。所以充分地泡過水，確定麥子不會再繼續膨脹後就放進蒸籠裡蒸。蒸好後改放入一個大容器中用杓子攪拌，使其冷卻至人的體溫程度，也就是和人的皮膚相當的溫度。每個人的體溫不會有太極端的差異，所以只要用手試試，覺得和自己體溫差不多，就可以撒入麴菌並充分攪拌。這裡的麴菌指的是「種菌」。

製造種菌的業者很多，不過我因為與松本憲次博士[10]相熟，所以使用的都是日本釀造的種麴，也是在松本博士指導下製成的產品。味噌專用的種麴總稱為「丸福種麴」，而其中又以Ｍ１號菌的發芽力最強，品質最好。

所謂的發芽力是指種麴的菌在蒸好的米、麥中起作用讓麴長出菌絲的力量，日文也叫「椽入」。椽入作用越強，表示麴菌越上等。椽入也寫成「破精」。乳酸菌繁殖得越多味噌就越美味，因此使用好的種麴也是釀出好吃味噌的祕訣。

接下來將八公克左右麥麴用的麥飯撒在冷卻的蒸飯上，用手掌仔細搓揉。整個搓揉均勻後放置一段時間。這個步驟叫做「播種、牽線」。

一般人家中很少會有麴室，所以改用寢室或客房都可以。只要在容器上蓋上毯子就能代替麴室了。現在「播種」已經完成，也就是已經將拌入麴菌的蒸飯放入紙箱之類的箱子裡，堆成大約一寸五分的高度，蓋上蓋子，再用毯子蓋起來，上面再蓋一層毯子或棉被，如果能放在暖桌裡是最好的。放置十個小時左右後整個翻攪一次，這個步驟稱為「翻土」。再放十八個小時之後，重新翻攪一次。這時裡面已經有三十八到四十度的熱度，可以聞到麴的香味了。毛毯或棉被還是一樣蓋著。從「播種牽線」起過四十四小時之後就要「出麴」了，也就是拿掉棉被將麴拿出來。

你將會看到蒸飯上「開了花」，也就是用肉眼看飯上就像積了雪一樣，是一層麴，用顯微鏡看的話就和蒲公英一樣，還可以看到種菌漸漸深入飯粒的樣子。將這個影像做成影片就能清楚看見味噌菌活躍的狀態。這個味噌菌的照片只有母念堂才有，由照片可以明白其實味噌主要就是靠這個菌。而現在麴已經製成了，這個過程稱為出麴。

將這個麴拿到陰涼的地方鋪開後曬一曬。等溫度降下來變涼了，就要開始將麴拌入味噌中了。

拌入味噌的方法我在第二課米味噌的部分有提到，只要將米麴改成麥麴就可以了，所以請讀者自行翻閱前一課。

不能使用新式容器

我在上一課寫過最後在大豆中拌入麴後再加上三合的鹽。這裡也是同樣的做法，只要用麥麴來代替米麴，做出來的就是麥味噌，所以希望各位務必試做看看。使用的容器最好是木桶或甕，不能用塑膠類的新式容器。

1 西元一八九九～一九六五年，日本政治家。
2 財政部長。
3 日本舊時採用的長度單位，一分約為〇．三公分。
4 日本舊時採用的長度單位，一寸約為三公分。
5 相撲的排名。

6 將蘿蔔用米糠與鹽醃的醬菜。
7 位於栃木縣。
8 將蒸熟的大麥以滾輪壓扁後乾燥的麥。
9 將押麥與白米一起煮後形狀變得圓潤飽滿的麥。
10 參與東京農業大學釀造學科創設的教授。

積年味噌

味噌大學　第四課——陳年味噌

醍醐味

各位應該都知道味噌有千百種，市面上販售的味噌稱為「市售味噌」，而我在本書中所教的都是「家庭味噌」。因此對想要從事製造銷售味噌行業的人來說，看這本書是毫無幫助的。我為什麼這麼說呢？因為每天趕三點半、被金錢利益綁死的企業是無法做出可口味噌的。我和味噌工會的製造業者很熟，每次見面他們都會說，市場上唯有味噌的價格太過低廉。也就是說以現在的市場價格根本無法造出好吃的味噌。所以市面上的味噌都很便宜，也一定沒好貨。

我講義中所介紹的味噌，都是無法以目前市售味噌的價格去販賣的。只要看目前的製造業者中，恐怕沒有一家有花兩年時間製造的味噌（除非是在某個製造過程中必須用到而不得以準備的），就知道現在根本買不到自然釀造的味噌了。而我家的味噌有的是花五年，還有七年、十年、十三年釀造的，多的是陳年味噌。

這樣的陳年味噌如果以企業利益的角度來計算，賣價一定非常昂貴。而「家庭味噌」的醍醐味就在於能夠不去計算金錢，愛吃多少就吃多少。

自古會以「乾枯的味道」或「豐潤之味」等詞來表現食物的味道，人們會誤以為「乾枯」與「豐潤」是意思相反的詞，但其實都是在形容醍醐味。醍醐原本是指由奶提煉之物，後來成為佛教用語，代表人間最高之三味境狀態。

味噌穩坐日本人的飲食生活（不飲不食人怎麼生活？所以這個詞根本就不通）的寶座，所以我希望它的味道也能達到三味境，這是我長久以來的心願。

何謂單身味噌

味噌有很多種類，而我之前介紹的味噌主要材料都是大豆，然後再加上米或麥麴來調製，也就是「混合味噌」。想必讀者一定以為味噌就是一定要在大豆中加入米麴或麥麴才能釀製。

但其實即使沒有米麴麥麴也能做味噌。這種味噌叫做「單身味噌」、「單味味噌」或是「大豆味噌」，是讓麴菌與大豆作用而製成，愛知縣東部地區自古就是釀造這種味噌，屬於八丁味噌[1]的一種。

大豆味噌就是讓麴菌在大豆中作用，讓大豆變成麴，然後再加入鹽巴即可，做法非常簡單。

檢查要拿來用味噌醃的葉唐辛子（先用薄鹽醃）。

由於材料只有大豆，所以味道不會太好吃。而且釀成後至少要等一年以上才會有味道出來，也才能拿出來賣，而這段時間的成本也會被加進賣價中，所以大豆味噌的價錢比一般味噌要貴。很多人都不知道這一點，以為貴的就是好貨，還買得很高興。就連高級旅館的廚師都誤以為貴的就是高級食材，堅持一定要給客人吃大豆味噌，卻不知這種味噌實際上是既沒加米麴也沒加麥麴的劣等大豆味噌罷了。或許對不懂味噌真正味道的一般人來說也足夠了吧。

我在昭和三十三年[2]一月二十日釀造了一缸大豆味噌，前幾天的一月二十一日才剛從倉庫拿出來，試著將它加進酒糟湯裡。釀了整整七年，這缸味噌才終於有味道出來。即使這樣我還是不會建議別人做，我也只是當作一門學問來試做而已。在這七年間我研究過這個味噌菌的變化，希望以後有機會發表其變化過程或調理方法，不過它的價值真的不大。

這種只用大豆製成的味噌自古即有各種製造方法，也有各種不同的名稱。光是我家家傳味噌中就有十一種的大豆味噌，而其中我認為值得推廣的，只有一種而已，就是俗稱的「溜味噌」。這種味噌在《日本山海圖繪》[3]中也有介紹，歷史相當悠久。可以利用它浮在上面的一層汁來做各種料理的調味，也就是說這層汁可以發揮醬油的作用。將上面的汁用來做菜後，下面的味噌就可以拿來食用了。這種味噌的味道很溫和，無論是上層的汁或味噌本身都有獨特的風味。古書記載這種味噌是「官驛日用品」，可見古代日本全國官驛的差役在日常生活中都享受了這款美味。

不過再怎麼說，它的製造過程既然是將大豆煮（或蒸）過，用稻草包起來讓其自然發酵，再用臼搗爛後放入鹽巴而成，那麼無論釀製技巧再好，味道也不可能勝過摻入米或麥、小麥麴的味噌。

徑山寺也不是純小麥

單味大豆味噌我將另擇機會介紹。在第四課中我將講授味噌之王的「小麥味噌」：金山寺，也寫作徑山寺。這個小麥味噌也有許多種類，這次我將介紹其中最珍貴的徑山寺味噌要如何製作。

徑山寺又寫成金山寺，就如其名所示，最早據說是由中國徑山寺的僧侶所發明。在日本成為各寺院都會釀

將蔬菜塞入紗布袋後，再將紗布袋放入味噌中。

將葉唐辛子的葉與肉分開後塞進紗布袋，再用味噌醃。

造的嘗味噌[4]。由於非常美味，在某些時代中獲得很高的評價。

然而以漢文寫成的製造方法中很少有使用小麥做的，材料多半是大麥。而且因為是不使用種麴的自然釀造法，所以必須花三十五天才能發酵成麴。在發酵時使用的是煮過的大豆、麥粉和麩。但麥粉和麩的原料是小麥還是大麥則不可考。

而我家家傳的製造方法是純日本式，使用小麥原殼製成，因此與傳統僧侶的製法完全不同。是更奢侈、純度更高的營養食品，也是盛產小麥的九州獨特的傳承。

材料與方法

材料

只要準備少量當練習即可。

大豆　一升

小麥　一升五合（量越多味道越好）

食鹽　三合鹽（大豆與鹽的比例為一升大豆加三合的鹽）

種麴（丸福種麴）約五匁左右（一點點就好）

方法

(1) 將大豆用鍋子或煎鍋炒過，去掉外殼。炒的時候部分大豆會裂成兩半，不過炒完後還是要放進缽中搗成兩半以上（不搗碎也可以）。殼的部分可以保留下來用來讓種麴增量。去殼後的大豆用水浸泡，炒過的大豆也很會吸收水分，所以水量要多，大豆膨脹後就再加水進去。

(2) 接著說明小麥的部分。

小麥可以帶殼使用，不過帶殼的話會有一點厚，故可以請米店去殼或自己搗一下去掉薄殼。搗得太碎會變成小麥粉，所以記得去掉一層殼就好了。將去殼小麥水洗後浸泡在水中。因為產地的不同，好的小麥泡一至兩天的水就會膨脹快要一倍，也就是原本一升的小麥會變成一升九合左右。

前述的兩個過程中最好先將小麥泡水。趁小麥泡水的空檔，先計算好花費時間再處理大豆會比較好。

(3) 大豆與小麥都充分泡水膨脹後撈起，瀝乾水分，然後將兩者混合攪拌。

完全攪拌均勻後便放進蒸籠裡蒸。家裡沒有蒸籠的話也可以用飯鍋。

蒸熟後鋪在薄的榻榻米或其他適合的墊子上冷卻。冷卻至人的體溫左右即可，有人說四十度最佳，但我認為沒有必要太過神經質，只要和皮膚的溫度差不多就可以了。

冷卻至體溫程度後，將種麴與前述炒大豆時搗下來的殼搓揉混合在一起，再拌入蒸好的大豆混小麥中均勻攪拌，然後倒入木箱中，壓成一至二寸厚的平面後靜置。這是我在上一課中提到的「播種」與「牽線」。

在這個木箱上蓋上毯子或棉被，保持裡面的溫度，這樣到第三天就會發出好麴。

發出麴後處理方式會和上一課所述的方法不同。由於這次已經先將大豆及小麥混合蒸熟了，所以只要直接放入甕中釀製即可。

釀製時如果材料為前述的分量，那麼就均勻灑入三合的鹽（一升大豆對三合鹽）後攪拌，上面再灑上少量的水，整個裝入甕中將表面壓平，上面蓋一大片昆布，蓋上蓋子，再用一塊輕的石頭壓住，最後用塑膠布包住，然後用繩子將甕口部分綁緊（這是為了防止蚊子蒼蠅飛進去，或是有灰塵跑進去）。

徑山寺味噌的製造過程到此結束，但第十天要打開反覆攪拌後將表面壓平。這個步驟很重要，之後可以隔幾天再翻攪幾次。

此外，為了更了解徑山寺味噌，希望讀者能連最後的第十二課一併仔細閱讀。

徑山寺藝術

經過三個月後，就能釀成上好的金山寺味噌。這種味噌在所謂的嘗味噌中也是最高級的。一般旅館及餐廳

釀製完成的徑山寺味噌。

所提供用來沾芹菜或黃瓜的味噌都沒有這麼好吃。

只要按照我的方法釀造，相信大家都會尊稱你是最強的味噌達人。

不過其實這門藝術還有著許多竅門。舉個例子來說：

越瓜（切成二寸左右厚片）　茄子（切成二寸薄片）
橘皮（刨成屑）　蓮藕（圓片兩片）
生薑（切厚片）　山椒（葉子連同顆粒）
茴香（微量炒過）
蒜　甘草
紫蘇葉　紫蘇果實
麻仁　香榧仁
苦瓜（切成圓片）
辣椒（圓形小辣椒）
昆布（適當切成細長條）
木耳（狀似海蜇，是很好的食材，剁碎後與昆布拌在一起）

將以上這些雜七雜八的材料都和徑山寺味噌一起醃，我的徑山寺味噌的美味都醃進去了。現代人的舌頭已經不識鄉愁，自然也很難理解其高雅的風味了。但味

少年時期正在修行的作者。

噌畢竟是一門藝術，我的願望就是能夠將祖先流傳下來的這種雅致情趣引進家庭中。

也希望婦女朋友們發憤學習味噌藝術，釀製我在這裡所介紹的味噌，豐富家庭的飲食生活。如果把釀好的徑山寺味噌裝在漂亮的容器裡分贈給親戚朋友，他們一定會對妳的巧思驚歎不已。這個味噌是真正的日本味，相信是全世界都找不到的。

1 愛知縣岡崎市所生產的味噌。
2 西元一九五八年。

3 西元一七九九年刊行，介紹日本各地產物的刊物。
4 可以直接當成副菜或酒肴的味噌。

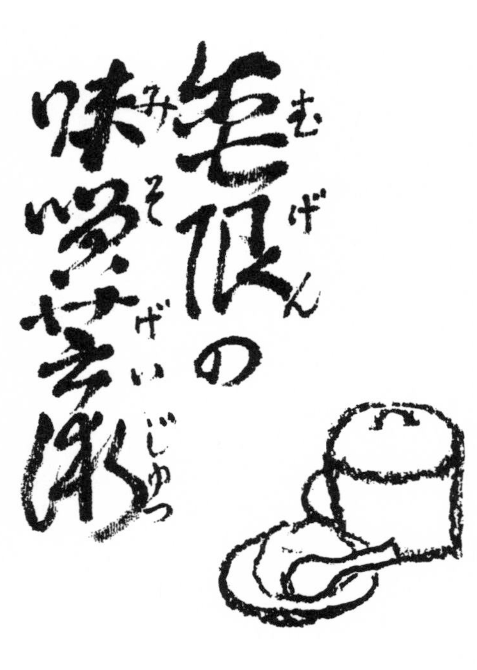

味噌大學　第五課——無限的味噌藝術

味噌的藝術能夠衍生出各種多采多姿的創造。目前我僅僅製造貯藏了五十八種味噌，而過去則試做過兩百種以上。這麼多種類的味噌都是我的家傳配方，真不得不對祖先的高超智慧佩服得五體投地。由於日常瑣事繁多，時間不夠用，所以家傳的三百種味噌中還有一百多種是我尚未試做過的。

這些味噌都是「雜穀豉」（「豉」字的意思是以大豆為原料製成的食品，例如味噌或納豆等），其實就算沒做過，看材料大概也想像得出它的味道。總之每一種味噌端上桌都是有著絕妙滋味的佳品，讓我們感歎先人藝術之博大精深。

菽豆類

在前幾課中，我介紹了用米、麥、小麥三種材料製成麴後與大豆混合而成的正統味噌。由於這些味噌的主要材料都是大豆，或許會讓某些讀者以為做味噌一定要使用大豆，但這是誤解。只要是豆類，不管是什麼豆，其實都能當成味噌原料的。

這些豆類總稱為「菽豆類」。「菽」指的是莢穀（有豆莢包住的豆類），豆莢連著莖向下垂的狀態就稱為「菽」。所有的莢豆類都可以拿來作為味噌的原料。

細數其種類有：

大豆（豆科）

黑大豆
黑豆芽
黃大豆
紅豆
白小豆（SHABON豆）
豌豆
蠶豆（多福豆）
豇豆
鵲豆（扁豆）
等等。這十種是具有代表性的味噌主原料，都具備高雅的特色及風味。

除此之外還有許多種的主原料，容我日後有機會再述。

不過前述的僅僅是主原料，所以最好不要讓這些原料直接與種麴作用來製造單身味噌。就像我之前說的，僅用豆子製造的味噌需要花一兩年貯藏，味道也不是很好。

女麴與酒母

由此可知，若沒有加進用米、麥或被稱為「女麴」的小麥所釀造的麴，就不可能做出美味的味噌。

不僅是小麥麴，漢字傳入日本後人們將所有的麴都稱為「女麴」。之所以加上「女」字，是取要先有母體才能生子之意，因此開始將「麴」叫做「女麴」了。

「麴」這個字是由「麥」與「米」組合而成，充分表現其由來，讀者不可不知。

此外所有的麴，包括大麥麴、米麴、小麥麴、麵麴（將麥磨成粉後加水攪拌後製成的麴）等都叫做「酒母」。

「麴」是要將米麥包裹、覆蓋住才能製成，因此它是一個包含了米、麥和「包」字一部分的會意文字。古書上寫道酒一定要有麴才能製成，因此麴也叫「酒母」。

此外有名的書經上也寫著「若作酒醴，爾惟麴櫱」。現代人一下主張限制使用漢字，一下主張提倡新假名，讓孩子學一些莫名其妙的東西，摧毀了日本文化，所以

母念味噌的蒸麴（要放進去蒸之前，先將四斗泡水膨脹至七斗，再分成兩籠蒸）。

現在的人連「酒醴」這麼簡單的辭彙都不懂。所謂的「醴」就是甜酒的意思，這種常識還是要有的。

酒母中有一種叫做「麩皮麴」的，現代人看到這個詞大概也是丈二金剛摸不著頭腦吧。「麩」就是磨小麥粉剩下的麥皮碎屑，也是指小麥皮屑。用磨小麥粉時剩下的皮屑所製成的麴就叫做「麩皮麴」。

這種麴的威力非常強大，是拿來做味噌的極佳選擇。此外還能夠釀製出酒精濃度很高的酒。

如果沒有這個既叫「酒母」又叫「女麴」的麴，就不可能釀得出酒和味噌。因此在味噌學中，「製麴」是不可或缺的條件。

雪花菜麴

從前製麴要花六十到七十天的時間，現在因為有種麴，所以在短時間內就可以輕鬆製麴了。這一點我在前面的課程已經說明過，讀者們應該都明白了。

不過這個「麴」其實可以利用各種材料來製造，這個過程必須親身實驗過才能理解。

舉個簡單的例子，各位應該都去豆腐店買過豆腐，或是去米店買過米吧。

你應該在豆腐店看過「雪花菜」才對。可能有很多人不知道雪花菜是什麼，東京這種大城市裡聚集了各式各樣的人，所以廢物也是一大堆，其中又以都會的婦女及小孩最沒常識。所以或許還有人會誤以為雪花菜是一種青菜，這種時候就讓人很想惡作劇，騙他雪花菜真的是青菜。

雪花菜在東京被稱為「OKARA」或「卯之花」。豆腐店通常將其當成殘渣丟在角落的空箱裡，之後養豬戶或收餿水的會來收，帶回去作為牛或豬的飼料。

有智慧的主婦會買個十圓左右的雪花菜，運用在各種料理中。不僅讓餐桌更加豐盛，也讓飲食生活更多彩，同時又能節省菜錢。而且像雪花菜這麼有營養的食物是很稀有的。

此外它的卡路里很高，富含油分，能夠幫助排便。我最近太忙，沒有時間列舉它的實驗數據，但其實以科學觀點來看，雪花菜也是對身體非常好的食物。

雖然一般人都不知道，就連學者也尚未進行這方面的研究，但事實上雪花菜還能夠製成釀造味噌用的高級麴。我家祖傳的祕方中就有這個「雪花菜麴」，是一直到我這一代才將其公諸於世的。

將雪花菜麴用於釀造味噌，能夠發揮奇妙的效果，釀出獨特風味。而且釀造時間只要半個月左右，對於沒耐性的人來說是再適合不過了。

不可用於單身味噌

不過請讀者不要誤會。在主原料是大豆的味噌中，加上使用做豆腐後殘留的渣滓「雪花菜」製成的麴，其實就是將兩種相同性質的材料混合在一起，所以釀出來的只是單身味噌罷了。

我在上一課裡提過，廠商將只用大豆製成的味噌包裝得像是用什麼祕方釀成，並以高價出售。於是有很多人以為貴的就是高級味噌，還吃得很開心，但事實上單身味噌就只是單身味噌罷了。

所以最好將這個雪花菜裡再加上一半搗碎的米，或是大麥、小麥粉後混合。用混合過的原料製成麴，再與大豆調和，就能釀製成理想的「雪花菜味噌」。

糠麴

我剛才有提到大家應該都去米店買過米，我的意思是除了買米之外，大家應該也看過米糠。

有一陣子市面上的米糠裡還摻雜了膨潤土等砂土，都是不良品，不過現在賣的都是純米糠，可以安心食用。米店通常會很高興地將米糠便宜賣給客人。這個米糠能夠製造出很棒的高糖分麴。由於「糠麴」中含有大量的澱粉酵素，因此它的卡路里及澱粉酵素比米本身的澱粉還要多。

我曾經很疑惑，為什麼含有高糖分的米糠會被人們當成廢物丟棄，而不想辦法善加利用呢？結果發現原來老祖先早就具備這種智慧了，實在令人佩服得五體投地，在這裡也可以看到祖先們的藝術。

使用這個「糠麴」及鹽巴來醃所有的蔬菜，就能醃出風味絕佳的醬菜。只花少許的成本，卻能有如此豐美的成果，若不實行豈不是太笨？

聽說九州的鹿兒島縣到處都在製造這種糠麴，但我從未看過，也不知其味。

總之我對祖先的這種發明和它的效果實在非常驚歎，而用糠麴自製出的味噌，也讓我不得不讚歎它的美味。

昭和二十九年釀製的八丁味噌。將積在竹籃中的水拿來做菜時使用。

宿醉解脫

我寫了這麼許多，相信讀者如果用心思考，應該也可以從中獲得一些靈感。不知各位有沒有什麼收穫呢？

我的家傳味噌中有一種叫做「宿醉解脫」。宿醉的意思大家都明白，而「解脫」的意思是將內心及外在的陰霾、不快一掃而空。因此這種味噌就叫做「宿醉解脫」。

這種味噌除了名稱很有趣之外，實際上當因為宿醉而頭痛、胃不舒服，蒼白著臉懊惱著「我再也不喝酒了」的時候，只要喝了這種味噌汁，不可思議地，心情就會頓時舒坦。再過二、三十分鐘後就通體舒暢，而且又會想再喝一杯，實在是很奇妙。這種味噌拿來醃醬菜也非常合適，現將此家傳祕方公開如下：

味噌的做法

一、雪花菜　五合

二、米糠　五合

將兩者充分攪拌混合後泡一下水，立刻撈起放入竹籃中。擠乾水分後用蒸籠蒸二、三十分鐘，然後加以冷卻。溫度降至三〇度左右後，用小湯匙舀半小匙的種麴，充分攪拌後放置一段時間，培養方法和我在上一課所寫的相同。

麴製成後與一升煮過的大豆及三合鹽混合，放置兩個星期，味噌即釀製完成，可以趕快給愛喝酒的老公吃吃看。

我保證老公一定會因此更加疼愛妳。由此可知，只要花腦筋，就可以創造出各種味噌藝術。

建議讀者一併閱讀第十一課「宿醉解脫」。

味噌乃醍醐之味

現在有許許多多的烹飪教室及烹飪老師。有些烹飪老師與我交情很好，這些老師真的都做得一手好菜，然而說到味噌與醬菜就不及格了。料理的基礎就在於味噌和醬菜，原本應該要先修完這兩門課再進入烹飪學，但他們往往跳過這個基礎而直接開始學烹飪，總讓人覺得美中不足。

味噌與醬菜基本上只靠鹽來調味，這也是它們的奧妙之處。做出來的成品吃起來要能讓人覺得不像只用鹽調味，才算真正有藝術的味噌和醬菜。

做味噌和醬菜的藝術之所以是料理的基本，就如我前面所說，是因為僅僅用鹽就能釀造出五味。做不到這一點的人卻越級成為烹飪老師，實在讓我很難認同。

什麼是五味

五味，指的是鹹、甘、辛、酸、苦五種味道。⑴帶著苦味和鹽巴味的味道就是鹹。⑵甘不僅僅是甜，還必須讓舌頭感覺好吃、喜悅，甜得恰到好處。⑶辛，是辣椒所展現出的辣味，是刺激舌根，讓人精神為之一振的味道。⑷酸味能讓人集中振奮並刺激舌頭。⑸苦味則是適度的苦澀，能夠鎮靜萬物，並蘊藏了氣根的滋味。

以上五種味道稱為五味，將這五味完美調和出的味道，在日文中稱為上等的「鹽梅」。

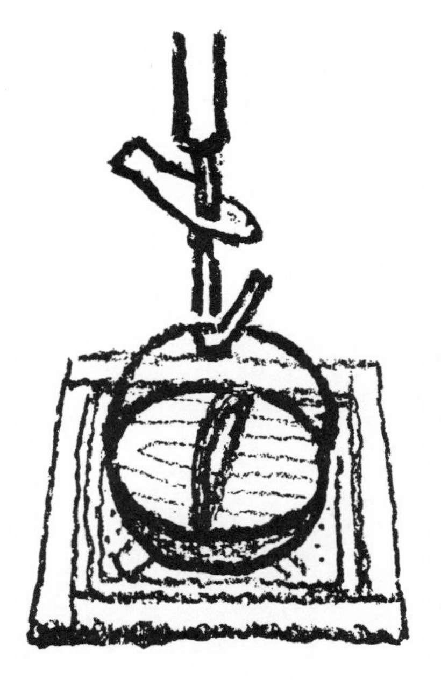

鹽梅的極至藝術

一直以來，日本人如果去人家家中作客，是不可以誇讚主人家的味噌及醬菜的，這是非常失禮的行為。為什麼呢？因為這麼說彷彿是在直接讚美女主人。依照我的看法，連在日本茶道裡，客人在欣賞完泡茶工具後即使只是客套，也會讚賞一句「太好了」；所以如果客人都不懂得對飯菜加以讚美兩句，還不如把他們攆出去算了。然而古代男性想必是既有些好色又很有幽默感，怕因為主人家的味噌汁或醃醬菜很好吃而脫口說「你老婆的味道真好」，就好像是在吃人家豆腐一樣。所以以前的紳士絕對不會稱讚主人家的味噌或醬菜。

為什麼醬菜和味噌就代表女主人的味道呢？我認為這種說法太缺乏想像力。實際上要那些手無縛雞之力的弱女子們做醃醬菜或味噌這種苦差事是不可能的。

我的妻子在七年前去世。由於她是在東京長大，我便一直努力培養她成為會釀製味噌和醬菜的主婦。然而這些畢竟是體力活，她總是做一會兒就感到疲倦，到最後我的壯志未酬她就撒手人寰了。而我那個獨生女，只生了一副伶牙俐齒。我幫她招了贅，討了一個東京大學畢業的女婿。沒想到就因為是東大畢業，結果把全副精神都投入當時學生都很熱中的共產黨活動，完全把家業丟在一邊。他現在在一家中國菜餐館當店長，女兒也跟著他一起做，對我連每天早晚的問安都沒有，也和她母親一樣，連個米糠醃都不會做。

現在我要解說一下「鹽梅」這個詞。它是由「鹽巴」與「梅子」一組合而成，料理其實就靠鹽梅。我之前在講述

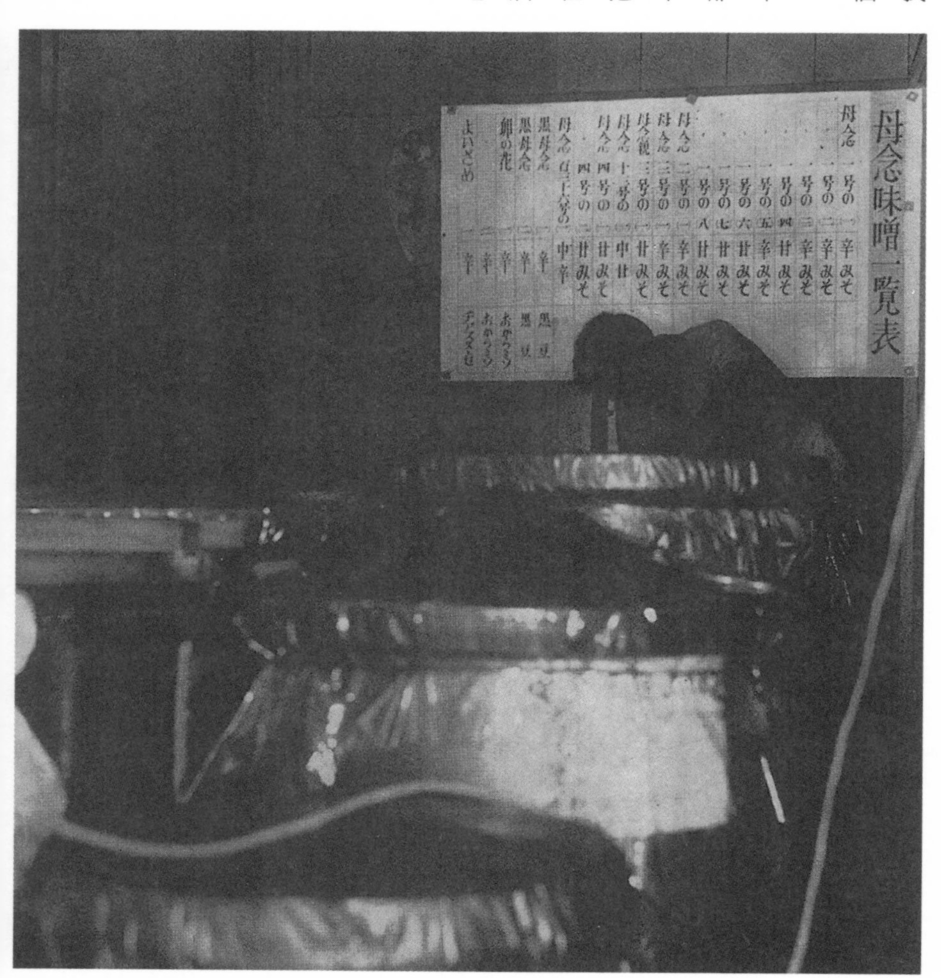

這裡有二十種母念味噌一覽表，負責管理的人一整年都不能懈怠。

鹹、辛、甘、酸、苦五味時說明過鹽巴的味道，但其實還有另一種五味，就是印度佛教中所說的「醍醐味」，也就是乳、酪、生酥、熟酥及醍醐。

這五樣東西都是由牛乳或羊乳提煉出來的，據說人間美味莫過於此。佛教中最上乘的真實教為法華、涅盤之味，將其稱為醍醐味，也是修行的最高境界。

在《觀無量壽經》中有關於這個酥蜜解救人命的解說，容我在此稍做摘要。

印度王舍大城有國王頻波婆羅王，皇太子為阿闍世。阿闍世受惡友提婆達多教唆，將父王幽禁於七重之牢中，欲弒之而自立為王。皇后名韋提希，裸身將酥蜜和麥粉塗在身上，並在皇冠上的瓔珞中裝了葡萄漿，瞞過守衛進入牢中。國王見之大喜，舔食其身上之小麥粉並飲蜜漿，因此恢復生氣。而世尊之弟子大目犍連，即目連尊者，以神通力出現在牢中，授國王以八戒。世尊並派十大弟子之一富樓那尊者為國王說法，國王之身心得以和悅，安然度過三週。

待皇太子阿闍世問守衛：「吾父猶存否？」守衛答曰：「皇后將麥粉與蜜塗於身，將漿水盛於瓔珞中獻給國王，故國王元氣如故。而尊者們以人通力從天而降，屬下無法可防。」阿闍世聽後大怒，曰：「吾母是賊！」並欲弒其母。

此時有聰明多智之大臣月光與耆婆對阿闍世進諫：「請國王將劍放下聽臣所言！臣聞《毗陀論經》中有貪圖王位而弒父之王子一萬八千，但未曾有弒母之無道者。國王若行此大逆不道之事，將玷汙我貴族之剎利種[1]，還望國王三思。」最後怒言：「國王乃四民之下的首陀羅[2]！」並握住劍柄，怒視著阿闍世邊向後退。

皇太子見形勢不利，無法殺害母親，故按韋提希「是賊」之罪，將其囚禁於深宮。遭自己孩子囚禁的韋提希憂傷憔悴地遙向耆闍崛山的釋迦牟尼禮拜祈求：「世尊，昔日您常遣阿難尊者來慰問我，而我現正深陷悲傷哀愁。世尊威重，無由得見。還望能遣目連、阿難兩尊者與我相見。」言畢悲泣如雨，遙向遠方的世尊合什頂禮。

韋提希叩首時，世尊在耆闍崛山知曉韋提希所願，便派目連及阿難兩尊者從空而降，而世尊亦隱沒於耆闍崛山，現身於深宮牢中。

就在韋提希仍在叩首時，世尊及兩尊者業已降臨。世尊由目連侍左，阿難侍右來到牢中，韋提希大驚相迎。而虛空中則有帝釋天王、梵天王、持國天王、增長天王、廣目天王、多門天王等普降天華，持用供養。

世尊身紫金色，坐百寶蓮華。韋提希一見世尊便將瓔珞擲地，號泣告佛曰：「我宿何罪，竟生阿闍世這般孽子？又為何會與教唆阿闍世的惡人提婆達多生為眷屬呢？」世尊對韋提希開示了其因緣，至於內容並未記載於《觀無量壽經》中，而是寫於其他聖典，故我在此詳加介紹。

這位國母夫人韋提希為何會生下要殺自己母親的孩子呢？而像這樣的女性哀歌，於現今社會也隨時可能發生。

人類的煩惱

這是人類亙古不變的煩惱。時常有人拜託我題字，我總是喜歡將「少年易老難學成」寫成「今日少年，明日老爺老太」。其實豈只老爺老太，根本就是「明天就掛了」。光陰似箭，歲月如梭啊！所以無論誰都希望長壽。人總是會有辭世的一天，也因此會希望子女繼承自己的事業，等老了就靠子女照顧直至壽終正寢。

中印度的摩揭陀國王頻婆娑羅王就是年歲已老卻仍膝下無子，故不停地催促愛妻韋提希夫人：「我想要個孩子，妳有辦法實現我的願望嗎？」夫人自然也想懷孕卻總難如願，因此國王命令全國的算命師都為皇后占卜。一知名算命師上奏：「國王將生龍子。三年後毗富羅山之仙人壽命將盡，屆時韋提希夫人便得以懷胎。」地位等同天皇的國王於是立刻派人尋找毗富羅山的仙人。毗富羅山為聳立於摩揭陀國東方五山中的最高峰，手下在這裡找到毗富羅仙人後立刻回報國王。國王得知後彷彿皇太子已經出生般地狂喜，命人去請求仙人趕快辭世，以早日投胎為太子。然而仙人聽了僅說：「不，必須再等三年。」之後便相應不理。國王聽後勃然大怒：「渾蛋！我已經這麼老了，哪裡等得了三年？」並挑了個能言善道的手下，命其「讓仙人早點死，若不從就殺了他」。然而仙人聽了只說：「時辰未到他就要取人性命，那麼若我轉世投胎為王之子，也將如此做。」

說畢即遭國王的手下殺害。

就在這個慘劇發生的當晚，在皇宮的寢室中韋提希夫人告訴國王：「王，臣妾懷孕了。」

老國王歡喜得手舞足蹈，直說：「太好了！太好了！我的龍子即將誕生於世啊！」全皇宮都齊呼萬歲。

國王忘了自己殘暴地殺害了仙人，只拼命感謝上天恩典，讚美神的榮耀，並大大嘉許韋提希。他作夢也沒想到報應在自己身上的可怕悲劇即將由此展開，這就是人的膚淺之處啊！

然而國王是個性急之人，在得知仙人將投胎為王子

後，又將算命師召進宮，讓他用以陰陽變化原理為基礎的神人交感奧祕來占卜。算命師告訴他：「誕生的不是女兒。」

國王說了聲「哦」，然後焦躁地等著占卜師繼續說下去。

「國王，雖然誕生的將會是龍子，但這位皇子將會傷害您啊！」

還沒等他說完，國王就說：「將來我的國土都將屬於我的皇子，就算他會傷害我，我也沒什麼好怕的。」

雖然國王嘴上這麼說，但心裡卻開始不安。尤其記起仙人被殺之前曾說過：「若我轉世投胎為王之子，也將如此做。」並想到人生終有因果報應，便焦慮恐慌了起來。悶悶不樂地苦惱了十個月的國王最後終於下定決心，在整個皇宮都入睡的深夜兩點將皇后搖醒，告訴她：「皇子的誕生雖是舉國同慶的喜事，但我很介意占卜師所說的話。像這種將亡國的皇子，還不如趁現在斬草除根，我們兩個就合力將這件事巧妙地掩蓋過去。妳的產期就快到了，我會命人蓋一座高樓作為妳的分娩處，妳生產時直接讓嬰兒從高樓墜地，他將必死無疑。」

國王再度策劃了殺人的陰謀。

接下來皇宮內就祕密地建造起一座高樓。

隨著陣痛開始，皇后即將生產。為了保密，御醫和助產士都不得靠近，只有侍女陪伴皇后登上高樓，藏身在天花板裡。國王命令皇后：「絕不能讓人接生！一定要讓嬰孩一出生就順勢掉落在地上。」

脫離胞衣的太子伴隨著響亮的哭聲來到世上，卻從兩百尺[3]的高空墜地。韋提希皇后從高樓奔下來抱住可憐的太子，然而太子僅僅受了兩手小指骨折的輕傷，生命並無大礙，著實不可思議。

國王的陰謀再次失敗。之後太子沒有再遭到任何迫害，平安長大。然而由於出生前就對雙親心存怨恨，故其名為「未生怨」。又因為兩手小指骨折，別名「折指太子」。這兩個名字有著上述的由來，也讓我們知道因緣的可怕。

這段因緣不需要世尊再向頻婆娑羅王和韋提希夫婦多做說明，他們也都明白。這都是之前作為之因果報應，無須贅言。

再來又回到《觀無量壽經》。

欣淨緣

韋提希一見全身紫金色坐百寶蓮華的世尊便將瓔珞擲地，號泣告佛曰：「我宿何罪，竟生阿闍世這般孽子？又為何會與教唆阿闍世的惡人提婆達多生為眷屬呢？」

這段文字在《觀無量壽經》中的原文是：「白言世尊，我宿何罪，生此惡子，世尊復有，我等因緣，與提婆達多，共為眷族？」一般人只聽和尚以漢文發音誦經應該是完全無法理解。雖然這一段是王宮大悲劇的最高潮，但無論是聽者或誦經的和尚都是不知所云。

「白言世尊，我宿何罪，生此惡子，世尊復有，我等因緣，與提婆達多，共為眷族？」這段文字非常精簡，因此也是名文。僅以二十九個字就道盡了王舍城的親情大悲劇。皇后這樣向世尊泣訴，然而世尊卻不發一語。

接下來便進入欣淨緣。跌入悲傷谷底的皇后韋提希懇求世尊：「請求世尊為我廣說無憂惱處，這是我僅有的願望。我將往生至那個世界，再不好樂住在印度或中國、日本這些閻浮提五濁惡世。這濁惡的地球上充滿了地獄、餓鬼與畜生，多為不善之眾。願我來生來世不聞惡聲，不見惡人。如今我五體投地哀求懺悔，唯願有大智慧的世尊教導我如何觀清淨業（即極樂世界）之處所。」

就在這時候。下面我將接續母念寺管長所譯之平易日語版《觀經》。

這時候，世尊的雙眉間射出光芒，其光金色，遍照十方無量世界，還住佛頂，化為金台，宛如閃耀聳立於世界中央之須彌山。十方諸佛淨明國土皆於金台中現。或有國土以七寶合成；復有國土純為蓮華；復有國土，他化自在天，宛如第六天之宮殿；復有國土，如玻璃

鏡。十方國土，皆現於其中。有如是等無量諸佛之國土，嚴顯可觀，悉現於韋提希眼前。

此時韋提希對釋迦牟尼佛道：

「世尊！是諸佛土，雖復清淨，皆有光明；我今樂生極樂世界，阿彌陀佛所，唯願世尊教我思惟，教我正受。」

顯行緣

母念寺平易版之《觀無量壽經》是如此描述：

「此時世尊微笑，佛口射出五色光芒。一一照射被幽禁於另一牢房之頻婆娑羅王頭頂。國王雖被囚，但心眼無障，得以遙見世尊，頭面作禮，自然增進為四向四果之阿那含。」

所謂的阿那含是小乘佛法的修行證果，即阿那含之位者再無須返回迷惘世界。此證果稱為不還果，能夠絕不誤入人間道、地獄道、餓鬼道、畜生道、阿修羅道、天上道等六個世界，即能證成阿羅漢果。能達此覺悟，即能成佛。而國王今雖遭其子囚禁於復仇之牢，但已能

超然於此苦痛，此亦乃因於牢內領受之八戒利益。

然而皇后乃為女性，女子因觸法（男女交合）之業障而需背負妊娠、生產之天命。由於此觸法之責任，故皇后雖未殺仙人，但身懷被國王所殺的仙人之未生怨，並注定要將這個孩子生下。女性的人生即使被懷孕生子的使命左右，也都是因觸法而注定命中如此。也因為這樣，韋提希內心的苦惱非比尋常。想讓韋提希盡早從此苦惱中解脫的世尊於是這麼問她：

「汝今知否？阿彌陀佛離此不遠。汝當繫念，諦觀彼國清淨國土。我今為汝廣說諸譬。」

並為了詳說極樂，又曰：「若諸佛如來願施不可思議之佛力，則汝可得見極樂。」

韋提希聽後道：「世尊，如我般之人今得佛力得以窺見極樂。如佛隱於涅盤之雲，則往後濁惡不善眾生將受生苦、老苦、病苦、死苦，又該如何得見阿彌陀佛之極樂世界？」

這段話的意思是：「方才我藉由世尊眉間綻放的光明得以拜見諸佛之國與安樂國的西方淨土。我祈求能夠前往再無死亡的阿彌陀安樂世界，而因為能親炙世尊，故得以一窺極樂，但若世尊您隱身於涅盤之雲間，那麼往後的眾生又如何能知極樂呢？」韋提希夫人擔憂地對世尊提出了這樣的問題。

世尊聽了韋提希夫人的問題後曰：「非常好的問題。能夠站在未來眾生的立場，想拯救大眾的慈悲心是崇高的。韋提希啊，讓我來回答妳的問題吧。阿難也須仔細聆聽，你也必須為了未來眾生宣說此佛語。」接著開始詳述觀極樂之法。

釋迦牟尼佛對阿難尊者及韋提希夫人如是說：「諦聽諦聽，善思念之。如來今為未來世一切受煩惱賊所害眾生說清淨業。善哉韋提希，快問此事。」

世尊對韋提希的問題打從心裡感到歡喜。韋提希被自己懷胎十月所生的兒子囚禁於七重牢獄中並斷絕食糧，即將餓死。但她之前畢竟曾試圖殺害這個孩子，並且他在生為未生怨之前就準備為前世的孽緣復仇，因此母親必定得死。也因為這樣，她希望能夠脫離迷惘之世，前往沒有痛苦的極樂淨土。由於渴望是如此強烈，讓她忘卻了自己將死之身，只一心祈求世尊的化導。

「阿難啊！汝當受持，廣為眾生宣說此佛語。如來今教導韋提希及來世一切眾生觀西方極樂世界。因佛力故，當得見彼清淨國土，如執明鏡見自身面像。見彼極樂國土極妙樂事，心歡喜故，立時極樂往生，得無生法忍。」

所謂的無生法忍又名喜忍、悟忍、信忍，在認知不生不滅之真如法性後，即達菩薩十階之第九位，通往極樂。

釋迦如來並告訴韋提希：

「汝乃凡夫，心思羸劣，未得天眼，無法遠觀。若諸佛如來願施不可思議之佛力，則汝可得見極樂。」

韋提希聽了問佛：

「世尊，如我般之人今得佛力得以窺見極樂。如佛隱身於涅盤之雲間，則往後眾生若陷濁惡不善，將為生苦、老苦、病苦、死苦、受別離苦之五苦所逼。其等又該如何得見阿彌陀佛之極樂世界呢？」

以上為母念寺流的經文平易翻譯，我將其照抄於此。

現在各位應該了解《觀無量壽經》的背景及因緣。若是沒有韋提希夫人的疑問，或許世尊也不會說極樂觀法。就因為韋提希夫人被自己親生兒子阿闍世囚禁，命在旦夕的皇后面對死亡，發出了要如何讓今後死去的每個人都能通往極樂世界這樣的大慈悲問。而這也成為佛祖開釋真正極樂的動機。這段文字作為解說醬菜的前言或許稍嫌冗長，但因周遭有許多人希望了解「極樂」，因此趁解說醍醐味之便順加以說明。如果真的很想了解極樂，希望你能參考全日本僅有的母念寺版本來詳加研究。

我從十一歲就出家，照本念經對我來說雖已駕輕就熟，但一直因不明白經文的意思而苦惱。即使請教師僧，他們也只是回答我：「念久了自然就知道意思了。」所以我只會念經，卻無法向別人解釋經文的意思。雖然日本的寺廟一直以來就不虔誠，但我一直期許自己能透過修行，將好的信仰教導給世人，自己也能前往極樂世界。因此將淨土三部經翻譯成日語平易版，希望能讓人人都看得懂艱澀的經文，加深對佛教的信仰。這部《觀無量壽經》就是其中的第二部，是我從小和尚時代就開始煞費苦心，讓經文變得平易近人的成果之一。

1 印度種姓制度中的王公貴族階級。
2 種姓制度中的賤民階級。
3 日本舊時採用的長度單位，一尺約為三〇・三公分。

味噌大學　第六課——小麥味噌

在上一課中我講解了小麥味噌中別具一格的徑山寺味噌，它和一般的小麥味噌是不同的。在這一課裡，我將講述傳統的小麥。

單純的小麥味噌和徑山寺味噌不同，主要材料大豆不用先炒過，而是和其他味噌一樣用煮的。

將煮爛的大豆搗爛，加入鹽巴，放置一段時間，放入小麥麴後再次搗爛攪拌。

大豆的煮法和攪拌方法之前已經說明過：

(1)先將大豆泡水，待其膨脹。

(2)用厚鍋將大豆煮爛，要煮到用手指夾起來已經不是一顆顆豆子的狀態。

(3)煮好的大豆搗不搗都可以。搗過的話做成味噌後不會有顆粒，比較好用。

(4)將煮好的大豆放置一段時間，煮過的水不要丟掉讓大豆泡在裡面。這個水叫做「飴」，含有豐富的營養，也是味噌的味道來源，所以千萬不要丟掉，要善加利用。

(5)放置前先將鹽加入大豆中。

(6)至於鹽的分量，如果想快點吃，則一升大豆就加入三合鹽。用三合鹽泡的大豆約三十天之後就可以吃了。

(7)如果加入四合鹽，就必須等四個月之後大豆與鹽的味道才會融合。

(8)若加入五合鹽，則要放置半年，味噌的味道才會剛剛好。

⑼鹽的分量會影響味噌的保存期限。鹽分越多的味噌保存期限越長。

⑽四合鹽的味噌可以儲藏七年左右，若是五合鹽可以放十年左右。

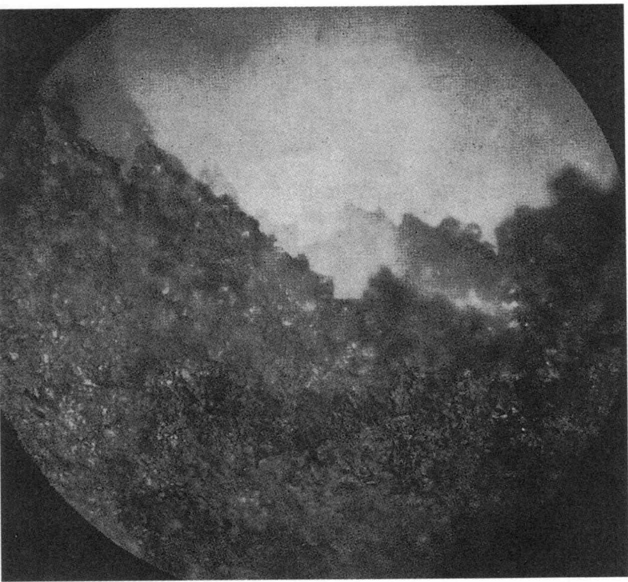

顯微鏡下小麥麴菌的活動狀態。

⑾我在上一課中有說明，有所謂的「等鹽」，即加入與大豆同量的鹽巴。也就是一升大豆就加一升鹽，即為等鹽。加了等鹽後必須等三年後方能食用。

不過也因為這樣的味噌非常鹹，只要用一點點就很夠味，所以用量非常省。以前的人會開玩笑地說雙關語：「過唐（音KARA，有鹹、辣之意）到了天竺」來表現「等鹽」的味道。

添加麴的方法

接著是麴。我已在上一課講解過製造小麥麴的方法，所以請讀者自行翻閱，在此不再贅述。

⑴不要在已釀成的小麥麴中加鹽。

⑵直接將小麥麴拌入已加鹽放置一段時間的煮大豆中。

⑶將大豆與麴攪拌均勻。由於麴會有顆粒，所以要將顆粒完全搗碎後再攪拌。

⑷攪拌完成後將表面鋪平。

⑸將表面鋪平後蓋上一大片昆布，蓋上蓋子，最後

放一塊石頭壓住。

用一塊塑膠布蓋在上面，再用繩子綁好以防止細菌或蚊蟲進入。

味噌醬菜的醃法

用前述方法添加了麴之後，「小麥味噌」的做法就算結束。就如我前面所說，開蓋食用的時期是根據鹽巴的分量決定的。但這並不是說蓋上蓋子後就只要等三、四個月就可以打開來吃了。

在真正開蓋食用之前，如能每個月兩次將蓋子打開攪拌的話，味噌的味道會更好，所以千萬不要忘了這個叫做「中手入」的重要步驟。

這個「小麥味噌」非常適合拿來醃醬菜，因此俗稱為「味噌醬菜味噌」。

我也因為要醃醬菜，因此會釀製小麥味噌。而醃醬菜時什麼時候將蔬菜放進味噌裡最好呢？其實最好是在釀製味噌時將蔬菜一起放進去。但是這樣做的話，在「中手入」這個步驟中要將底部味噌翻攪上來時，裡面的蔬菜會有點礙事。只要事先知道這一點，一開始將蔬菜放在不會礙事的位置，就能醃出美味的醬菜。不過我要先聲明，如果你只是試做一升左右的小麥味噌，就不能放太多蔬菜進去醃。因為味噌的量少，過多的蔬菜會影響味噌的味道，反而造成失敗，因此蔬菜的量最多只能占味噌量的三分之一。

若想要醃出美味的味噌醬菜，最少必須煮一斗的大豆才行。

一斗大豆再加上麴的分量可以醃成大約四斗的味噌，因此能夠充分享受味噌醃醬菜的樂趣。

味噌醬菜的材料

說到味噌醬菜的材料，其實蔬菜中可以說沒有什麼是不能拿來醃的。

不過葉菜類的比較不適合。反正葉菜類之外還有數不清的蔬菜可以拿來用。我們家傳的醬菜有：

(1)山牛蒡

(2)柚子

大豆麴與小麥麴。左邊的四箱是直接將麴菌植入大豆中的香油用麴；右上角的一箱是小麥麴。

(3)種子人參（就是高麗人參，也叫朝鮮人參）

(4)唐辛子[1]（將果實與葉子都放進紗布袋中一起放入味噌中醃）

(5)種生薑（即生薑）

(6)苦瓜（醃成醬菜很好吃）

(7)山椒（將果實與葉子都放進紗布袋中一起放入味噌中醃）

(8)雪花菜（也叫豆渣、卯之花、豆腐渣）

一般人大概不知道雪花菜是什麼。可以將這個豆腐渣與榧樹果實、麻仁、芝麻等一起炒，再灑一點辣椒粉後裝進紗布袋後放入味噌中醃。不但非常下飯，拿來當下酒菜更是再適合不過。在味噌中醃五天左右味道就很好了。

(9)雞蛋（將蛋切成薄片後放在碗內食用。這是我家的祖傳祕方，蛋儲藏的時間越久會越硬）

(10)豆腐

相信大家既沒聽過更沒見過味噌醃豆

腐吧？這也是我們家傳的特別食譜，並不是人人都會做的。

和(9)的味噌醃雞蛋一樣，都是亡母遺留給我的財產，因此我將它稱為「母念豆腐」，是會令我思念母親，心頭湧上報恩之念的一道菜。

豆腐的原料就是大豆，所以放進主材料同為大豆的味噌中醃的話，原本應該會起中和作用而導致豆腐溶化才對。然而我們家的祕方卻能讓豆腐在味噌中凝固。

政府機關農林水產省的博士們對這件事都百思不解，覺得不可思議，並且企圖讓我把這個祕方告訴他們。但這個味噌醃豆腐是我們家傳的祕密，不可外洩。

我再三強調味噌是一門藝術。像這樣的創作，就是一種藝之術。母親將這門技術傳承給我，現在我也正在思考要讓誰來繼承才好。

前述的十項食材中，醃雞蛋、豆腐、雪花菜和種子人參是我的家傳食譜，在其他地方是看不到的。此外醃柚子也是一道佳肴。

不過既然我已經在這裡公開了有味噌醃柚子這種做法，那麼建議讀者可以試著做做看。柚子不但能促進食慾，吃完後又能清爽口腔，對有口臭的人是一帖良方妙藥。

這種清爽又舒服的口感才是食品學的真義。現在那些學烹飪或教烹飪的人似乎都不太重視這一點了，只會把從市面上買回來的蝦子或魚板裝在容器裡，拍張漂亮的彩色照片。看起來似乎是色香味俱全，然而用這種方法欺瞞大眾簡直就是犯罪。烹飪的本質和定義皆在於「味道的學問」，所以我們不能忘記「味道」講求的就是其中的個性及美味。

連豐臣秀吉太閤[2]也不例外

我總是對那些烹飪老師說，如果烹飪學校的學生做出來的菜味道都和老師一樣的話，那就不能稱為料理，而只不過是「贗品」罷了。

老師只有一個人。

學生卻是眾多。

如果眾多學生做出來的菜，味道都和那唯一的老師一樣，那麼只能說他們是贗品學校的學生了。

三張簸箕裡裝的是小麥麴，木箱裡被分成兩半的是放入麴菌後的大豆。

最近的廚師似乎都覺得做菜就是要用牛油或起士，不然就是用油炒，大家都一樣只做些簡便的菜。我認為廚師在烹飪時應該要多加一點藝術在其中，所以每次到烹飪學校都毫不客氣地加以批評。

就像人類的指紋般，有百億萬人就有百億萬個不同的指紋，每一個指紋代表的都是不同的人。

同樣地，料理也是一樣。如果無法表現出烹飪者獨自的個性，充其量只能算是贗品。

我在第二課手前味噌的做法中也提到過，「手前味噌」說的並不是一家的廚房之主：家庭主婦，而是一家的主人。

古代是根據主人所領的俸祿多少來製作味噌和醃醬菜的。

根據古書記載，豐臣秀吉在接待天皇時準備了味噌醃醬菜和開水泡飯等食物。

由此可見，連豐太閤[3]都愛吃味噌，

並向天皇獻上他最有自信的極品手前味噌：味噌醬菜。

如果這個味噌的味道是從別人家學來的，那麼這家的主人可就顏面掃地了。

一個家要有自己的味噌倉和醬菜倉才會有主人，而每家的主人也因此才得以充滿自信地請客人品嘗自家風味獨特的味噌。所以說每家主人都有自己的味道，這才是真正的藝術。

現在的人只知道市面上販售的速成味噌，根本不懂真正的美味，這樣的一家之主想必腦袋也是空空。

小麥味噌的吃法

一般認為小麥味噌的味道較厚重而不圓融，不溫和而偏利索，是一種高高在上的清冽之味。

由於小麥皮會殘留其中，如果不喜歡這樣的口感，用來煮味噌湯時可以先用網子過濾一下。

若是用來拌青菜或當黃瓜、芹菜的沾醬時，則不要過濾會比較好吃。

其實煮味噌湯時不將皮濾掉的味道也不差，老饕都是這麼吃的。

拌青菜時如果要加醋進去，那麼更應該將小麥皮保留下來。還有用味噌（短時間）醃漬鯛魚或竹筴魚時也不要去小麥皮，醃完後直接拿來烤最好。

要將牛肉豬肉用味噌醃過再烤或煮時，同樣最好不要過濾味噌。

還有山豬。味噌醃山豬，尤其是用小麥味噌醃，也是一道美味佳肴。

1 即辣椒。
2 太閤乃平安時代對攝政者退位後的尊稱。
3 豐臣秀吉的敬稱。

アメリカ味噌

味噌大學　第七課——美國味噌

昭和三十九年[1]的六月二日這天，味噌菌領域的世界知名學者松本農學博士特地來我家談了許多他的想法，並將敝人所做的五種母念味噌帶回家，說要整理成資料。

松本博士的想法主要有下列幾點：

一、市售的味噌並不是真正的味噌。

二、如果這種市售現成品的風氣持續下去，那麼再過不久，味噌即將死亡。

三、只要想到現在市售的味噌會讓一般大眾誤以為這就是味噌的味道，就讓博士無法忍受。

四、要釀製真正的味噌就必須更花時間，將味噌當成一門細膩的藝術，並將其科學化。

五、那些市售味噌的製造業者都不知道，大量生產大豆的美國現在正積極地研究味噌。萬一有一天美國製造出真正的味噌，並反過來輸出至日本，那麼祖先傳給我們的日本味噌就將消失。所以現在的日本絕不能再提供大眾假的味噌，必須發憤製造真正的味噌才行。

六、目前市面上的味噌都只是抄襲之物，完全沒有特色與特性。

七、即使是各地具地方特色的味噌，現在也都在模仿東京那些假味噌的味道，沒有一種是具獨特風味的。這些味噌失去了地方特色，也失去了值得驕傲的特質。

松本博士提出了前述各項意見。他是全日本兩個味噌製造業者工會的中心指導者，因此對味噌的沒落比任何人都感到心痛。

松本博士在擔任大藏省[2]的釀造實驗廠廠長時，在味噌上花了比酒類更多的心血，也才會對味噌的現狀及未來備感憂心，並將我做的味噌帶回去，說要讓業者看看什麼叫做真正的味噌。

業者與主婦皆然

我在前面提到過製作味噌用的大豆中，美國大豆是品質最差做不出好味噌的，因為我的經驗就是如此。

然而松本博士告訴我，其實美國有些產地的大豆品質也是很好的。如果美國人用這些優質大豆大量生產味噌，那麼日本的製造業者一定毫無招架之力。這點讓他很擔憂。再怎麼說，味噌這種日本固有的傳統食物隨著二次世界大戰戰敗為敵方美國所認識，並發現味噌的方便美味及高度營養價值，現在甚至有凌駕日本的趨勢。對此情況除了日本的味噌製造者之外，掌理日本人飲食生活的家庭主婦也難辭其咎。

最近我時常收到旅居海外的日本人來信。內容多半是說因為先生想吃味噌（這是最普遍的理由），所以會請老家的親人寄味噌過去。現在想試著自己做，故想請我教她們簡單的味噌做法。

這些信總是讓我覺得現在的女性真的很糟糕，連味噌都不會做，還好意思嫁為人婦還生孩子。她們一定認為味噌這種東西用買的就好了，卻不知市面上的味噌只是「像」味噌而非真正的味噌，於是至死都不識真正的味噌之味。

這年頭如果傳入美國的信州味噌[3]又回頭從美國出口至日本，自橫濱或

東京港上陸後被陳列在商店的貨架上的話，相信那些愚昧的婦女們必定會爭先恐後地去搶購「美國味噌」吧。搞不好還開心地說：「這是肯德基的味噌喔！」

味噌要用「心」去做

以前食品店裡會販售仙台味噌、信州味噌、越後味噌[4]等具各地方獨特風味的味噌，讓顧客能享受不同的口味，但現在已經完全看不到了。無論什麼地方的味噌都宛如同一個模子印出來的，味道也乏善可陳。我之前就說過，味噌若不是手前（自己獨到）的味噌，就不能

以特殊攝影方式檢查麴菌、乳酸菌和細菌（由藤野博士指導）。

稱為味噌。現在的家庭主婦自己不會做，只會買現成味噌回來，再加入味素煮成味噌湯給老公喝，於是老公也是至死不知真正的味噌是什麼味道。

我在大正十五年[5]三月一日進入東京朝日新聞社上班。由於被分派至社會部採訪社會事件，因此忙碌的程度可說是非比尋常，是現在的社會記者無法想像的。現在已經有勞動基準法，所以那些好命的記者們是無法理解我們的辛苦的。當時我腦子裡完全沒有想到薪水的事，只把追蹤事件當成自己的使命，平均一天工作十二個小時以上。

大概是去年吧，電視有一次播放有關社會記者的節目。我還真不知道哪個國家的記者可以有那麼多時間飲酒作樂的，可是觀眾照樣看得很高興，實在是很無聊。社會記者實際的工作狀況根本不是那麼回事，每天半夜兩點能回家已經算早了。而且我從來沒有請過假，總是從早上十點一直工作到凌晨三、四點，上班十七個小時是很稀鬆平常的。

當時的社會部部長鈴木文史朗先生曾經數次勸我不用這麼拼，但我只要一遇到殺人或強盜案件自然就會一頭栽進去。只有不會思考的上班族才是一個口令一個動作，身為新聞記者如果也要等上司的命令才出動，那就沒資格當記者了。像我主要跑警視廳和下面各警局的案件，可說是社會版的心臟部分，所以真的是相當勞心勞力。

但即使忙得再不可開交，我還是不忘釀製味噌和醃醬菜。所以只要有心，要做味噌是很簡單的，就算人在外面也可以打電話回家指示家人代為處理。

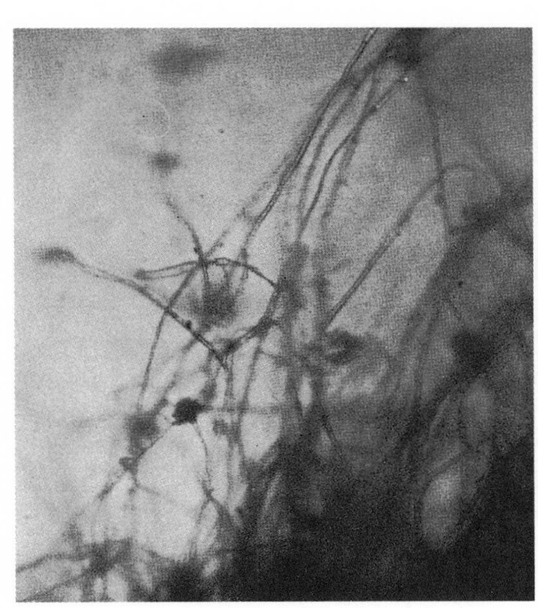

味噌麴的顯微鏡照片（看起來像蒲公英的是細菌的活動狀態）。

三十七年陳年味噌

在六月十二日星期六這一天，我花了十六天的時間終於將第三倉庫的大甕清洗乾淨了。所謂的第三倉庫其實不過是車庫兼倉庫罷了。以前我家有兩輛車時是專門當作車庫，後來只剩一輛車，就將空出來的空間作為存放味噌的倉庫。現在我自己都搞不清楚這裡總共堆放了幾種味噌，所以這次親自指揮，將這裡大大整頓一番。結果清點出來總共有六十三個瓶子和四十三個大甕，加起來是一百零六種。其中醬菜有三十三種，味噌則是七十三種。

這裡先省略不提醬菜，不過要簡單提一下味噌醬菜。其中數量最多的就是味噌醃柚子，其次是「百菜詰」，就是將甜瓜的肉挖出來後在裡面塞各

仔細品嘗要用來醃味噌的鹽，再秤重量。

種東西，是一種很花工夫的醬菜。再來依次是「唐辛子」、「山椒粒」、「苦瓜」。其他還有像小嬰兒的頭一般大的「鬼茄子」，這個鬼茄子大到任誰看了都會嘖嘖稱奇。我看了一下，它開始醃的年分竟然是昭和三年[6]！

昭和三年是我獨生女寬子出生的年分。她在我二十六歲那年秋天出生，已經是三十七年前的事了，可以說是我年輕時代的「作品」。當時那個出生後由我燒水幫她洗澡的小嬰兒現在已經是兩個女兒的媽了，腦子裡只有日本舞和老公小孩，完全把老爸爸忘得一乾二淨。對我教她做的味噌也絲毫不感興趣，只知道吃卻不會做。

真正的藝術味噌

這暫且不提。我很好奇現在那些味噌製造業者對於目前還存在著醃了三十七年的味噌這件事能夠理解嗎？想來是不可能的。即使是味噌製造業者，相信也是在讀過這份講義之後才真正明白味噌生命之所在。

如果真有業者儲藏釀造了兩年以上的味噌（還在發酵中的單身〔大豆〕味噌不算），那麼我很想親眼見識見識，並品嘗一下味道。

其實連我也不知道味噌真正的壽命有多長，但是在我所做的實驗中，存放了三十七年的味噌確實存在，並可以繼續存放數年。這個事實已經得到證實，我是實際看到自己醃製、儲藏的味噌才下了這個結論。若無實際證據，只是空口說味噌至少能存放三十七年，那就無法確實證明酵母菌的壽命究竟能維持多久。

就因為如此，只有我才有資格下這個結論。並且我要說，存放了三十七年的味噌味道一點也沒有變差，這表示味噌菌一直在活動。

如果味噌菌死了，味噌就會腐敗，腐敗了就代表味噌菌被其他細菌吃掉了。

為什麼味噌菌能夠存活這麼久呢？這裡有個學術上的盲點，就是即使學者們想研究這個課題，也苦於手邊沒有這麼古老的味噌可供研究。

要如何才能做出這麼長壽的味噌呢？我想在下一課中講述這個問題。一言以蔽之，就是「要講求藝術」。這種長壽味噌我將其命名為「母念一三五號」，是我家的家傳味噌。

1 西元一九六四年。

2 現改制為財務省，相當於我國的財政部。

3 主要生產地為長野縣信州的味噌。

4 以新潟縣越後地方為主要生產地的味噌。

5 西元一九二六年。

6 西元一九二八年。

農家味噌

味噌大學　第八課——農家味噌

我現在住在秩父地方的祇園精舍，專心地經營橘子園。我的橘子園位在秩父連山的南端，正確的地址是埼玉縣入間郡毛呂山町字桂木，算是在深山裡了。

桂木這個地方是較不為人所知的柚子盛產地，在與毛呂町合併之前叫做山根村，這個部落一直守護著祖先種植的古樹，以賣柚子為生。

我第一次看到這個地方的土質時覺得很不可思議，這裡的土壤明明來自適合種橘子的秩父古成層，為什麼沒人在這裡種橘子呢？

大約十五、六年前，一些農業學者聲稱東京種不出橘子，他們斷言即使樹能長高也結不出果。

我可不相信這些學者專家的話，決定要種出橘子給他們看看。於是我從九州的大分縣津久見地方買了接木兩年的樹苗，並相信賣樹苗的人所說：「明年一定會結果。」一滿懷希望地等待，然而第二年卻一顆橘子都沒長出來。

因此我思考了很久，最後發現以橘子的生長環境和地質角度來看，要在屬於武藏野地質的東京土壤中種出橘子是不可能的。因此我將橘子樹移植到一尺五寸的盆栽中，並將盆栽放在屋頂，終於成功了。

我之所以能成功，是因為我用的土對了。種出來的橘子最大的直徑快到三寸二分長，最小的也都大於二寸五分，完全不輸市面上賣的橘子，並且一棵樹可以長出三十到五十顆。

其中一棵樹長得特別漂亮，都可以拿去展覽會上展示了。我將這棵樹放在玄關當擺飾，結果有一位很客氣的紳士嘴上拒絕了管家要送他幾顆橘子的好意，卻暗地偷摘了一顆放進口袋裡帶走。

還有喜歡賣弄學問的人看到我的樹種得這麼好，便自作聰明地自言自語：「果然還是要靠上升氣流，沒錯。」他可能覺得我的盆栽放在屋頂上，所以是靠上升氣流才種出橘子的吧。然而這些人明明都很想知道我的祕密土壤是如何培養的，卻沒有一個肯開口詢問。

其實重點就在土壤。我就是因為發現了理想的土壤，因此開始努力種橘子。我於今年五月從靜岡縣清水買來的三年樹苗中已經有十九棵樹結出果實了。

這次賣樹苗的人也是跟我說：「希望你明年會種出橘子。」而我真的種出來了。我相信照現在的狀況，再過兩三年之後就能夠讓桂木整個山頭都變成橘子山。

模仿都會生活

因為這樣，我請了很多人每天來幫我的忙，也因此有很多機會與當地的女性聊天。

大部分來幫忙的女性都是四十歲以上，所以話題中常會聊到味噌或醬菜，然而我想知道答案的一些問題她們卻都無法回答，反而都是我在教她們。這讓我有很深的感慨，看來即使在農村也看不到真正的味噌和醬菜了，這表示農村對味噌和醬菜所花的心力也不如從前了。

由於這個地方離東京很近，不知道是不是覺得模仿都市生活才是有文化，所以雖然自己生產米和麥，卻將原料提供給專門的味噌業者，只食用由業者製造的味噌。也因此這裡的人只知道市售味噌的味道，自然也沒有談論手前味噌的資格和知識，只能洗耳恭聽了。

其中也有人家裡是自己釀造味噌，但這種家庭多半經濟狀況比較好，因此女主人才不願意買一般農家販售的味噌。

母念的意義

我在上一課中提到將會說明母念一三五號味噌的做

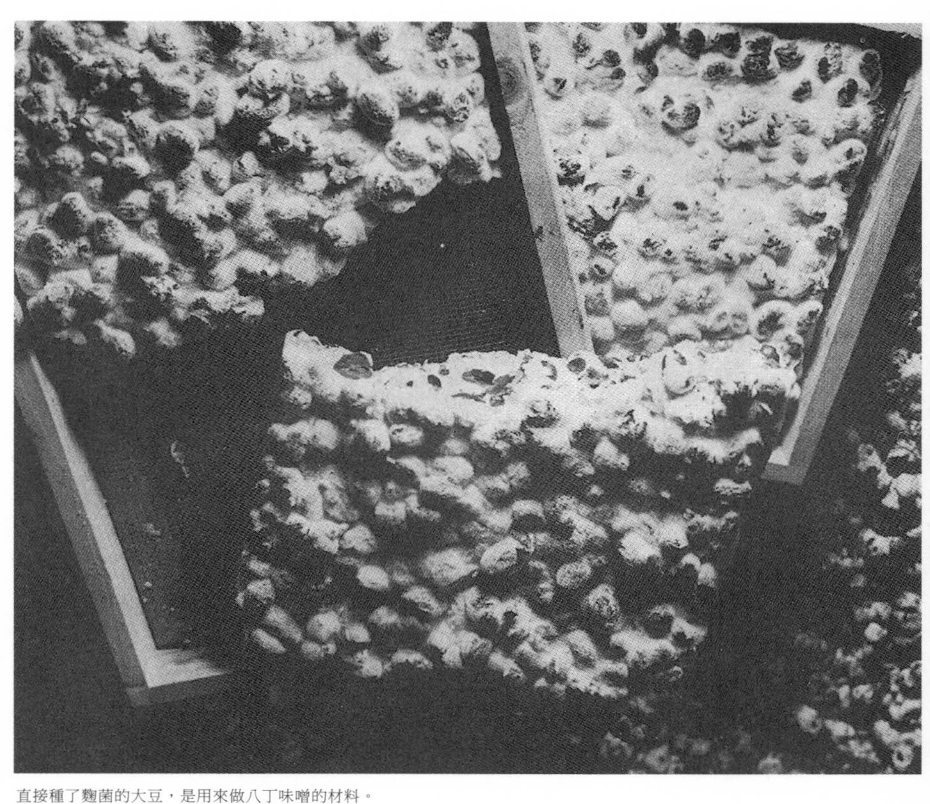

直接種了麴菌的大豆，是用來做八丁味噌的材料。

法。我的家傳味噌全都是由母親傳授給我的，所以我才將其命名為「母念」。「母」字以日文發音為「MO」，這個字的漢文音正確為「BOU」，但一般習慣唸成「BO」。

「BO」只是慣用音，正確應唸成「BOU」。這個字的意思是「媽、娘」，日文也稱為「垂乳根」，與父親是相對的意思。而「垂乳根」也有「根源」、事物之源的意思。意思類似的語詞還有「本金」，相對詞是「利息」。由這些詞語中我們可以感受到母親的尊嚴。

我自幼喪父，全由母親一手帶大，因此對母親的懷念特別深。

直到現在，母親對我來說仍是這個世界上最讓我尊敬的人。每次進了味噌倉，我的心頭總是會湧上對母親的思念而不由自主地熱淚盈眶。這股思念是純粹的「母念」，感念母親教會我這麼寶貴的事物。

到我十一歲出家之前，每晚都是貼著母親胸脯入睡的。我從五、六歲時就開始在母親煮味噌豆時幫忙生火，可以說天生就愛吃味噌。即使在出家和成家之後，母親也不忘親自來我家教我做味噌。

對我來說，媽媽的味道全留在她教我醃的味噌和醬菜中。就因為這樣，我將我家的味噌稱為「母念味噌」

醬菜與味噌一定要靠主人經常巡迴管理，要是做不到就不及格了。

原料的順序

大家聽到母念一三五號，可能會以為是指第一百三十五號味噌，但其實就是一、三、五號的意思。「一」指的是味噌，「三」是白米，而「五」則是指半糙米，五是全部（十）的一半，所以是半糙米。

我們家味噌原料的用量排行依次是：

一、麥子，包括大麥和裸麥。
二、小麥。
三、白米。
四、糙米。
五、米糠（非粗糠）。
六、麩（小麥磨成粉後篩過剩下的碎屑）。
七、雪花菜（豆腐渣）。

除了這幾樣東西外，還有五穀雜糧類的排行，在此暫且不提。

釀製的味噌及醬菜必須整理得整齊乾淨，隨時都能夠展示給別人看。

由此看得出來，其實任何食材都可以拿來做味噌。一般都認為米味噌的等級比較高，其實這是外行人的看法。在做味噌的材料中米並不算高級，味噌中以麥味噌屬最上等。

混合醃製

母念一三五號就如我前面所述，是以麥子、米及半糙米為原料製成，屬於混合味噌中的最高級品，是在其他地方都吃不到的美味。

材料的比例為：

米一：麥一：半糙米〇．五。如果米和麥各為一升的話，那麼半糙米就是五合。將這三種材料混合後總重量為兩升五合，蒸熟後讓麴菌開始作用，待麴形成後與再大豆混合釀製。

至於鹽的分量會因為目的而有所不同，可以是二合到四合。

我在上一課有提到，如果是想釀製風味能保持十年的味噌，那麼就必須加入四合鹽才行。

還有我也提到過鹽的比例是依照大豆的分量來加減的。味噌的主原料是大豆，所以四合鹽指的是一升大豆對四合鹽。

我要再次強調，醃製味噌時鹽的分量與麴是沒有關係的。麴只是一種單純的媒介材料和添加物，所以鹽的分量完全是依照主原料大豆的量來決定。

甘味原料

在上述的原料中之所以要加入半糙米，是為了增加味噌的甘味。

雖然麥和米中都含有糖分，但都不如糙米。其實使用糙米也可以，但由於麴菌在糙米中不容易破精，所以還是半糙米為佳。同時將糙米略加搗過成半糙米的這個過程也能增加米的甜味。

此外，前述的製法除了可分別以米和麥製麴外，也可以將米與麥混合後再製麴，這樣只需一個步驟就好。並且將材料混合後再製麴，釀製出的味噌味道會比較好。

用我寫的方法製造出的混合味噌味道遠比現成的混合味噌來得特別又多層次，所以真正懂吃的人只要吃過一次，就會覺得其他味噌吃起來都淡而無味。

半糙米不但營養豐富，製成味噌後其甘甜會更讓人吃驚。

但是只以半糙米和大豆釀製的味噌就沒有那麼甜。

一三五的風味是靠麥與米恰到好處地調和而形成的，並且這個釀製方法最適合長期保存。

希望讀者記住，三合鹽的味噌適合立即食用，但無法長年保存。我曾經在朝日新聞主辦的婦女講座舉辦過味噌藝術的演講，後來有聽眾向我道謝，說她們按照講義釀製了三合鹽味噌，分送給親友都大獲好評。

我聽了也很高興，但還是叮嚀她們，三合鹽味噌不趕快吃掉會產生酸味。要保存久一點的話就好是加四合鹽。在這裡再次提醒。

關於糯米花麴

在寒冷的冬夜裡，有時會想喝一杯甘酒暖暖身子再入睡。如果家裡有常備釀好的甘酒，就可以立即加熱後飲用，但釀甘酒必須先做甘酒麴。甘酒麴中還是以糯米麴最佳，同時糯米麴拿來醃醬菜也非常美味，希望各位務必試試看。

クマクス味噌

味噌大學　第九課——熊奇味噌

名為熊奇之由來

我們家傳的味噌總共有五十八種。我之前已經說明過，我將這些家傳味噌總稱為「母念味噌」。

其中有一種叫做「黑味噌」，並不是因為它很黑，而是因為它的主要材料是黑豆。

其實黑豆也是大豆的一種，所以也算是大豆味噌。只不過黑豆是很特別的食材，所以人們還是將它用與大豆不同的方式處理。黑豆的處理方式與大豆完全不同，不過我在此要先解說「黑味噌」這個名稱。

這種味噌以前被稱為「熊楠」（日文讀音為「KUMAKUSU」）。我從很小的時候就一直很好奇不解，為什麼會稱為「熊楠」呢？熊與楠樹之間有什麼關係呢？

我的出生之地豐後地區有很多大楠樹，時常有山豬或貍貓住在大樹的樹洞裡，所以我想，或許也有熊住在楠樹洞裡吧。

可能就是因為這樣，人們才會將漆黑的味噌稱為熊楠。但我又想，若真是如此，那麼「楠熊」不是比較正確嗎？我將這樣的想法告訴母親，結果母親聽了哈哈大笑。

「KUMAKUSU 指的是熊野奇日命啦！」

聽母親這麼說，我才恍然大悟。我從小就時常聽到這位味噌之神的大名，母親也藉此機會告訴了我更多有關祂的傳說。

我在第一課「藝之術」中曾經很詳細地介紹過這位熊野奇日命是神話時代第一個將味噌傳布於世間的始祖神明。

這位始祖神明的大名就叫「KUMAKUSU」，原本並非「熊楠」這兩個字，但不知從什麼時候開始人們將其寫成「熊楠」，而我們家族也就這麼流傳下來。

現在我為其正名，祂的名稱應為「熊奇」才對。而黑豆味噌之所以被稱為「KUMAKUSU 味噌」，很可能是因為神話時代沒有現在的白大豆，味噌都是用黑大豆釀製的緣故。

也可能當時白大豆黑大豆都有，但因為黑豆的風味更佳，因此人們將黑豆味噌冠上始祖神明之名。

由此可以得知，這個黑味噌的名稱指的就是發明味噌的神明。

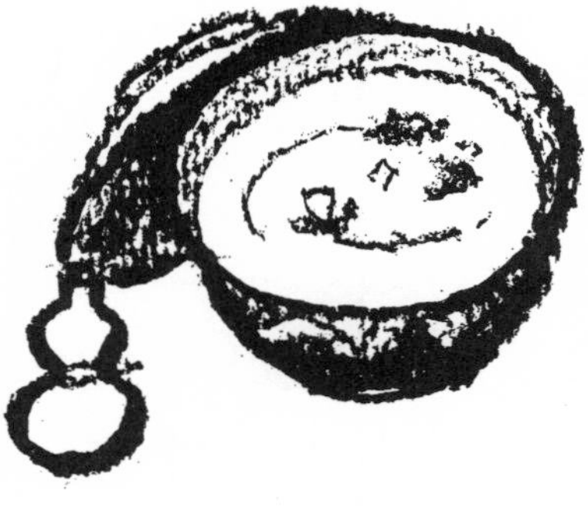

糙米麴的功效

現在不但已經沒有業者在釀製黑味噌，恐怕連釀製方法都已不為人知了。我一直百思不解，這麼簡單的做法怎麼會失傳呢？

自古以來味噌豆都是拿來用煮的，只有黑豆必須以蒸籠蒸才行。

我不懂為什麼黑豆一定要用蒸的，因此便煮來試試。將煮過的黑豆與蒸過的黑豆一比較，就發現蒸的果然好吃得多，這才明白其中的道理。

如果家裡沒有蒸籠，用蒸飯的飯鍋也可以。黑豆蒸好後可以先加以搗碎，也可以直接拿來用。

至於是不是僅用蒸好的黑豆就能製成味噌呢？並不是的。雖然可以直接讓麴菌在蒸好的黑豆中作用後製成單身味噌，但這樣的味噌不但苦，又必須放置很長的時間才能食用，並不好吃。因此黑豆中一定要加入麴再釀製才行，而重點就在於麴。

釀製黑味噌一直以來都是用糙米麴。糙米麴以純糙米釀製風味最佳，只是純糙米的皮很厚，會導致麴菌破精的時間過遲。

因此使用半糙米是最理想的。古代是使用純糙米，但現在以使用搗過三分的糙米為佳。所謂的三分是指將糙米的厚皮稍微搗破的程度即可，所以只要將糙米略磨一下就好了。

破精日文也寫成粸入。所謂的破精，是指將糯米炒至爆開的狀態。這樣的狀態類似麴菌在米或大豆中作用，菌絲深入生長至米或大豆中的模樣，故皆稱為「破精」。

一般我們稱釀酒業者或味噌業者為釀造業，日文也俗稱「釀屋」。所謂的釀造，其實就是讓菌破精的意思。知道釀造學的基礎，便能理解破精是多麼重要的步驟。

糙米皮中含有豐富的成分，等同於米加上米糠，因此能夠為味噌增加許多甜度。

這種黑味噌醃製四個月左右就可以吃了，但醃製十個月才是最美味的時期。

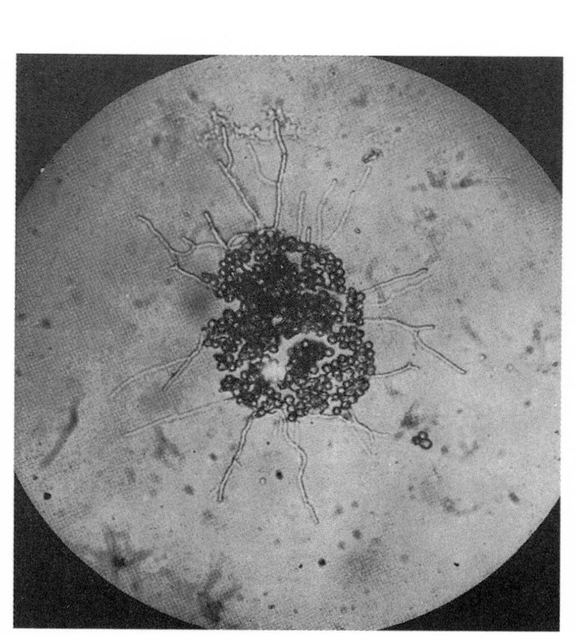
顯微鏡下附著在味噌桶蓋表面的細菌。

我現在食用的是醃製了五年的黑味噌，吃起來真的很香醇。我家還有釀了十一年的味噌，風味一點也沒變。

黑味噌能夠保存這麼久，可見太古時代的味噌製法其實是能在非常時期讓食材長期保存的方法。

五種添加味噌

黑豆味噌也最適合拿來醃醬菜。通常味噌醃醬菜需要有一定的鹹度，但太鹹也不行，必須兼具鹹味與適當的甜味才是好吃的味噌醬菜。而熊奇味噌就能釀出剛剛好的甜味，它的特色就在於濃稠的香甜。

釀製這種味噌不需要用到篩子和研磨工具。由於它的材料能夠完全融合在一起，因此可以直接拿來煮味噌湯或拌青菜。

此外還可以用來沾生黃瓜或蕗蕎，也是一道美味佳肴。用來醃黃瓜更是另有一種絕妙滋味。

接下來我順便介紹五種以黑味噌為主要材料的料理。

一、香榧味噌

也就是烤黑味噌。烤味噌的做法是在平底鍋中塗上麻油後放入百匁的黑味噌，用小火慢慢烤，並不時加以翻攪以免烤焦。烤得差不多就熄火，待味噌冷卻後裝入壺中。

接著將四〇匁的香榧仁炒至外殼脫落後移至缽中磨成粉。

下一步是將一合黑芝麻炒過後與香榧粉混合。

最後加入二〇匁砂糖和五匁辣椒。

將這些材料全部混合後在缽中充分研磨，再均勻拌入壺內的烤味噌中，兩個月後就可以拿出來配飯吃了。這個香榧味噌除了能增進食慾外，還具有幫助排便的功效。

二、茄子味噌

每年八月至十月這段期間是茄子的盛產期，十月的秋茄子尤其美味。越細的茄子越適合切成圓片，料理起來也方便。

將一升左右的茄子切成圓片，加入一升浮在黑味噌上的汁和二升的麴，與茄子混合後裝入甕或大玻璃罐中，再將罐口密封。這樣從十一月一直到元月分吃飯時都可以拿出來加菜了。

三、天竺味噌

在黑味噌中加入大量碎辣椒，然後以微火慢慢熬。熬出來的味噌非常辛辣，讓人胃口大開。所以以前的人常用這樣的雙關語開玩笑：「過唐（音KARA，同「辣」）就到了天竺（印度）」，也因此這種味噌被稱為天竺味噌。

四、阿蘭陀味噌

這種味噌被稱為「阿蘭陀」[1]。準備十個柚子，去掉果肉後將柚子皮剁碎，加入三合醬油和五勺水後以炭火熬煮，再加入五個磨成泥的生薑及二十根剁碎的辣椒後放入缽內搗爛。與一百至兩百匁黑味噌攪拌在一起後，在大鍋內倒入多一點麻油，再將上述材料倒入予以攪拌並煮至沸騰。煮好後裝入甕中放置一個星期就可以吃了。

雖然不知道這種味噌為什麼叫做「阿蘭陀」，但我猜想可能是因為其中加了又稱為「蕃椒」的辣椒

味噌快要完成前大豆與小麥的狀態。必須隨時用溫度計來維持一定的溫度。

之故吧。

這種味噌的特徵在於添加了柚子，所以我也搞不清楚為什麼不將之稱為柚子味噌。

檢驗三角家家傳的「母念味噌」。這張照片是以顯微鏡檢視剛從倉庫拿出來的八種麴中菌絲和孢子的狀況後，再植入味噌中。

五、鐵火味噌

我想應該有讀者聽過「鐵火味噌」吧。

這種味噌原來是江戶[2]人所喜好的口味，是江戶時代[3]人們日常食用的食品，不過最近似乎很少看到了。

這種味噌一開始是由第四課中講述的徑山寺味噌加以變化而成。

鐵火味噌的材料有牛蒡、生薑、辣椒、木耳、海蜇皮等等。將這些材料切得碎碎的之後混合在一起，再加入兩百至三百匁的黑味噌。接著要使用鐵鍋，如果家裡沒有，用其他鍋子也可以。

在鍋子裡倒入大量麻油，再加入剛才的黑味噌慢慢煎熬。待麻油和味噌融合後熄火，等味噌冷卻後再裝入瓶子或甕中，當天就可以食用。

這種味噌其實屬於嘗味噌，但不僅味道好又很下飯，塗在麵包上也別具風味。

五合鹽

最後我要介紹「熊奇味噌」的做法。

材料

黑豆一升。由於是試作，因此用量不多。

搗過三分程度的糙米一升。

鹽五合。

（五合鹽算分量很多，這是因為要長期保存。）

將黑豆泡水。我之前已經說過很多次，泡水後品質越好的豆子越會膨脹，所以有些黑豆泡水後可能會增加至二升五合。

泡過水的黑豆用蒸籠蒸軟，再放至缽中稍微搗一搗，不需要磨碎。搗完後放入桶子或甕中，再加入五合鹽醃製。

昭和四十一年，將一桶醃好的米味噌打開。

糙米中則加入麴菌，待製成麴後搗入前述之黑豆中。如果覺得製麴麻煩，也可以直接用買的。不過糙米麴一般並沒有販售，所以得自己動手做。

製麴的方法請再重讀一次第八課「農家味噌」。

1 即荷蘭。

2 東京的舊稱。

3 西元一六〇三年至一八六八年。

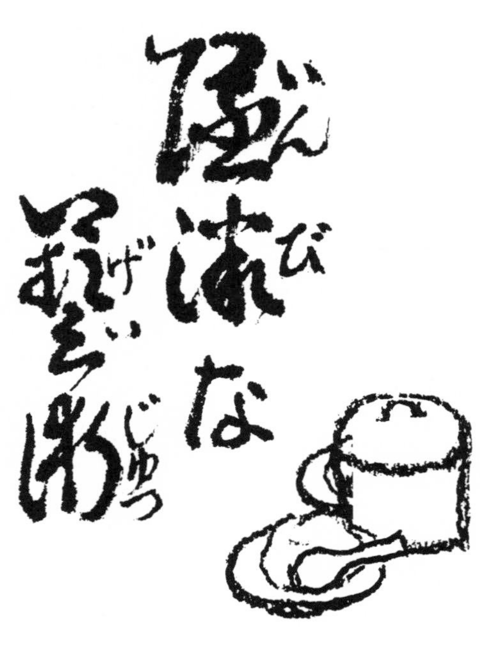

味噌大學　第十課——隱微之藝術

昭和四十六年[1]六月十七日這一天，有好幾位婦女一起光臨寒舍參觀敝人所醃的醬菜，因此我帶領她們參觀了母念堂的醬菜倉庫和味噌倉庫。有一位還不到三十歲的小姐（也可能是太太）提出她讀過《婦人畫報》雜誌所刊登的「味噌大學」，因此今天雖然是來參觀醬菜，但想問一些關於味噌的問題。我欣然答應，結果她問我：「《婦人畫報》上介紹過將麥麴或小麥麴與大豆混合後釀製成味噌的方法，那麼請問米味噌要怎麼做呢？」

我覺得會問出這樣的問題頭腦一定不好，所以回答她：「我只能告訴妳，請將『味噌大學』從頭再讀一遍。」這位小姐倒也乖乖地說了句：「不好意思，謝謝你。」就不做聲了。

這個月二十七日還有戶叶里子等三十幾位太太要來參觀。我當然很高興大家對研究味噌和醬菜如此熱心，但像前面那位小姐，自稱是「味噌大學」的讀者，又怎麼會問出那麼愚蠢的問題呢？

我之所以這麼說，是因為前幾課中我提過之前在朝日新聞主辦的婦女講座做過味噌藝術的演講，當時有兩位忠實的女性讀者告訴我她們看了「味噌大學」後便用攪拌器將大豆打碎，再與市面上買來的麴混合後釀製了米味噌，分送給親朋好友後大獲好評，所以她們特地向我道謝。同為《婦人畫報》的讀者，為什麼會有這麼大的差別呢？我可從來沒寫過可以用攪拌器將大豆打碎。

我只提過絞肉機很方便，因此我捨棄以臼將大豆搗爛的方式而以絞肉機代替。然而這兩位女士卻能舉一反三，以攪拌器代替絞肉機，懂得活用身邊的工具，頭腦真的很靈活。

就如同我一開始所說，做味噌是一門藝術。像烹飪教室那樣「加一大匙、兩小匙」的一個口令一個動作，是無法醃出好吃的味噌的。

「靈感」是藝術中最重要的成分。激發不出靈感的腦袋無論聽到或看到什麼，都是毫無助益的。

藝（うゑつけ）の　誠（まこと）手込（だご）めば、その術（すべ）は、
自（おのづ）と味（あぢ）に生（い）きるものかや

我在本書一開始提過這首家傳的釀製味噌之歌，這句歌詞裡的「藝」與「術」有著密不可分的關係，而其間的關係又是隱微而不可言喻的。所謂的「隱」，是被遮掩住而看不見的；「微」則是隱約而不明顯。味噌的味道就是這樣，無法以雙眼明確看見，所以歌詞才說如果用對了方法，味噌「自然會更加美味」。這個「藝之術」是絕對的真理，不僅釀製味噌，更適用於人生百態。

就因為這樣，一般駑鈍的腦筋是無法理解的，教他們也是白費力氣。

將大豆放進大缸中煮軟後再用絞肉機絞爛，最後裝進甕中，然後準備將麴放入。

如果是讀過第二課和第三課的讀者，應該對味噌已經有了概念，並且也學會了味噌的做法。只要你能夠被激發出一些靈感，就可以從相當於研究所程度的第四課開始繼續閱讀下去了

天保錢

有些讀者可能看過中間有個四角形孔的銅錢「天保錢」[2]，面額是八文，女性會用它當成和服腰帶上的裝飾，雖是看起來挺風雅的錢幣，但因為只有八文，所以人們會嘲笑腦筋不好的人是「天保錢」。說得更白一點就是：「那個人是個八文！」意思是嫌人家有點笨，因為還差那麼兩文。

在被當成笨蛋代名詞的八文錢問世的年代，反對物價上漲的聲浪不斷。雖然還沒到示威遊行的地步，但也讓當時的德川政府傷透了腦筋，可能也是因此才會推出八文錢吧。天保七申年[3]十一月，政府頒布一則沮喪宣布味噌漲價的律令。「諸事留」[4]中如此記載：

味噌乃僅次於白米之民生日用品。然而適逢米鹽價格均高漲，故味噌亦受到影響。雖為大勢所致，然對升斗百姓而言仍將造成一定的痛苦。關於米價之不當上揚，當局已進行取締。至於味噌，官府已向批發商及仲介商說明狀況並共同商討，請批發及仲介暫時降價。十月中

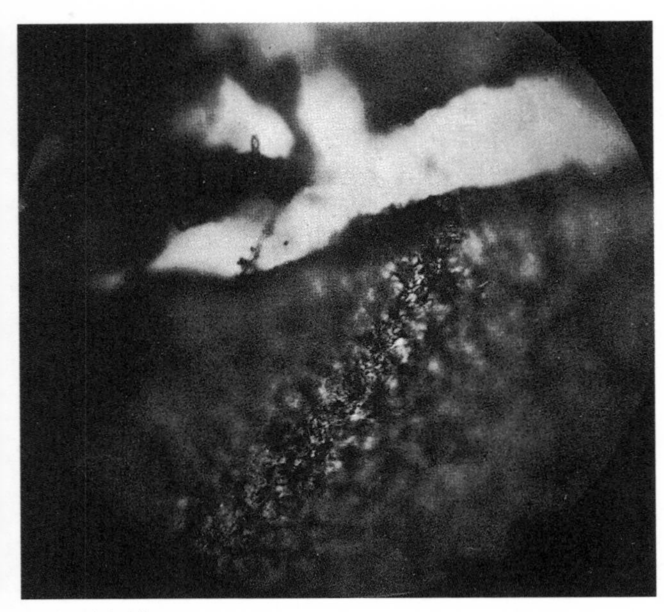

麴菌在裸麥中破精。

達成協議後味噌商皆循此販售。批發商之價格既已稍降，零售業者自然跟進。過往既無不當牟取暴利事宜，更望今後盡可能降低價格販售。

由此可見，無論是將軍內閣或自民黨內閣都沒什麼兩樣。最近的味噌價格也隨著米價一起上漲，如果是現在的佐藤內閣[5]，又會透過農林大臣發布什麼樣阻止味噌漲價的公告呢？

我覺得可以參考的部分是文中提到味噌乃僅次於白米的日常生活必需品。然而其中完全沒有提到生產價格，僅是請批發及零售商盡量壓低價格，可說是對商人相當低聲下氣。並且還說「我明白你們以往也沒有賺取暴利的行為，所以希望以後能盡量壓低價格便宜賣給民眾」。原來在「切捨御免」[6]的天保時代，商人是高高在上，反而是顧客要請店家便宜賣給自己，相當有意思。

前述是由町奉行[7]樽藤左衛門所昭告之旨意，日期為十一月十日。

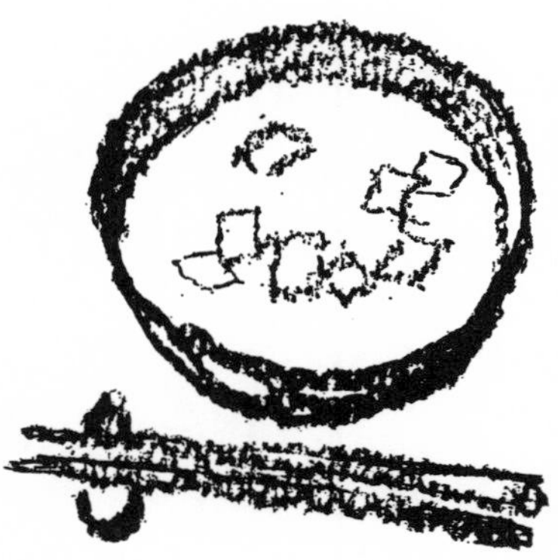

接著書上記載了天保十三年的物價書：

一、極上味噌

以往之價格　壹兩金可購買三拾三貫目[8]；百文錢可購買四百六拾目。

調降後價格　壹兩金可購買三拾四貫五百目；百文錢可購買五百三拾目。

二、上味噌

以往之價格　壹兩可購買三拾八貫目；百文錢可購買五百四拾目。

調降後價格　壹兩可購買三拾九貫目；百文錢可購買六百目。

三、下味噌

以往之價格　壹兩金可購買四拾三貫五百目；百文錢可購買六百拾目。

調降後價格　壹兩金可購買四拾四貫壹百目；百文錢可購買八百六拾目。

調降價格如上所示，故記載於此。以上。第拾貳組

諸色小組[9]

本鄉四丁目[10] 名主[11] 又右衛門 印

天保十三寅年八月二十日

如這裡所寫的，即使在天保時代，味噌漲價這件事對市民來說就和米價變化一樣，和日常生活有著密不可分的關係。不過從天保七年以來，政府長期採取抑制味噌漲價的政策，並且由剛才這段名主頒布之調降價格表可以看出來，味噌調降的幅度相當大。

天保七年奉行昭告之內容中看得出來政府雖未提到生產者，但仍婉轉地制止了批發及仲介商的剝削。而現今的日本無視於政府的政策，只會靠工會抗議罷工等手段來要求調薪，使生產價格上揚。最後是自食惡果，造成包括味噌等的物價都上漲，而結果卻是全民（包括他們自己）買單，大家一起承受。

菩提味噌

我一直強調，即使在這個時代，味噌依然是日本人的血肉，並且將一直傳承給後世子孫。就因為味噌如此重要，我才希望全國國民都能對味噌抱持更多的關心，不要再偷懶，大家都能親手做味噌。

我一天三餐只要有好喝的味噌湯，可以其他什麼都不要。然而我周遭的女性都說我這樣會營養失調，其中還有一位女性是擁有營養師資格的，我真不知道她是怎麼考上的。我問她何謂營養，她也答不出個所以然來。這個問題我也問過一位身兼廣播節目主持人的醫師，結果這位醫師也不知道。所以我告訴他們，所謂營養，就是能讓人長壽的食物。每天喝味噌湯配麥飯的人是不會早死的。癌症至今仍是不治之病，而我那些死於癌症的親朋好友中沒有一個是常吃味噌湯和麥飯的，就連我的亡妻也一樣。他們都誤以為大魚大肉才有營養，為了長壽而大量食用牛奶和魚肉，結果卻被癌症奪去了性命。

現代人都以為要把卡路里、維他命這些詞掛在嘴上才時髦，但其實味噌就是卡路里最高的食物。如果在味噌湯裡加入炸豆皮，那更是錦上添花了。

至於維他命則對整腸健胃有神奇的功效。現在教大家做一種能讓維他命與高卡路里的大豆合體，發揮金剛不死威力的「菩提味噌」。這個菩提味噌傳到我這一代之後，我將其改稱「維他命味噌」，這麼做是為了便於世人理解其功效。這種味噌我在第一課中提到過，始於神代時期的日向國[12]，現在的宮崎縣和鹿兒島縣南部山村還保存著這種味噌的製法。

各位應該已經很清楚，味噌的主要材料一定是：

將製好的麴以木盒秤重後，拌入甕裡的大豆中釀製味噌。

一、大豆

通常大豆中會再加入米麴、麥麴或是小麥麴，但這個維他命味噌不一樣，它添加的是：

二、米糠

米糠是維他命劑的主原料，但其實它還富含許多的營養成分。

三、大豆一升

如同之前介紹過的做法，將大豆煮熟後連同煮汁一起搗爛，然後再加入

四、鹽四合

充分攪拌混合後將大豆裝入容器中釀製。接下來是維他命味噌的主要材料：

一、米糠二升

將其泡在水中充分吸收水分。泡水後會膨脹成相當多的分量，同時糠的主要成分也會膨脹，讓米糠軟化。將泡過水的米糠撈至篩子中將水分篩掉後用蒸籠蒸。

米糠蒸軟之後拿出來鋪開，冷卻至與皮膚差不多的溫度。最好鋪在大片的草蓆上。待溫度冷卻下來後在上

面撒上一點點的麴菌，適當地攪拌後就放入儲藏室釀製糠麴。糠麴很容易破精，會長出漂亮的黑色甜麴。將麴鋪開，待冷卻後搗入之前以四合鹽釀製的大豆中。充分攪拌混合，讓味道能融合在一起。最上層鋪一片昆布，再蓋上蓋子，最後用一塊石頭壓住，放置四至五個星期後就可以食用了。常食用這種味噌不但能強健腸胃，還能消除粉刺等皮膚問題，並且對治療宿醉相當有效。如果想擁有漂亮的肌膚，就一定要釀製這種味噌。

我從各方面計算過，如果所有日本人早餐都只吃這種維他命味噌，那麼一年就可以省下一兆六千億日圓的國民所得支出。

註：我目前忙於母念寺祇園精舍的住持工作，抽不出時間寫作，畢竟寺廟的大規模擴建和傳教要花費相當多的時間。這都是為了廣布佛教，還望讀者能諒解。期待下次有機會再詳述。

付記

各位應該都知道「豆渣」吧。其實它原本的名稱是「雪花菜」，讀音為「KIRAZU」（音同「不用切」）。因為是豆腐渣，「不用切」就能吃，故取其名。雪花菜這個名稱不但雅致，同時還能製成很棒的麴。將雪花菜蒸過再種麴菌下去，就能製成風味高雅的上等麴。用這種麴不但能釀製上好的味噌，如加以保存，還能用來醃製蘿蔔或白菜。我們家傳的「宿醉解脫」就是添加了雪花菜麴製成的。

1 西元一九七一年。
2 江戶時代末期至明治時代流通的一種錢幣。
3 西元一八三六年。
4 江戶時代公家記載鄉村內諸事的冊籍。
5 西元一九六四年至一九七二年間以佐藤榮作內閣總理大臣為首的內閣。
6 武士受到無禮對待時即使將對方斬殺也無罪。
7 江戶時代負責轄都市行政司法的官吏。
8 日本舊時採用的重量單位，一貫約為三．八公斤。
9 「諸色」為江戶時代指「物價」之詞。
10 地名，位於現東京文京區。
11 江戶時代的鄉村官吏。
12 約成立於七世紀的日本古國名，範圍包括現今的宮崎縣及鹿兒島縣。

宿醉解脫

ゑひざまし

味噌大學　第十一課——宿醉解脫

在上一課中我介紹了維他命味噌的做法，接下來要介紹的是「宿醉解脫」。我年輕的時候喝酒喝得很厲害，時常因宿醉導致頭痛或腹痛。就因為有過宿醉經驗，所以也嘗試過這個「宿醉解脫」。即使再不舒服，只要喝一口這個味噌湯，很神奇地，不快感很快就消失，而且又想喝一杯了。這種味噌實在是不可思議，讓人五體投地。

宿醉會讓人頭痛，胃部有灼熱感，渾身無力昏昏沉沉，只要看到酒瓶就覺得想吐。

「不要把酒瓶放在我看得到的地方，給我拿開！」

明明不關老婆的事，我卻會因為全身不舒服又不知該怎麼辦而忍不住對老婆大吼。這時老婆就會一副「又來了」的表情，說：

「好啊，那我把酒瓶丟囉！」

然後將酒瓶拿到廚房的櫃子裡。

「味噌湯好啦！」

再將味噌湯端給我。

「對啦！我就是要這個。妳早點端來不就沒事了嗎？」

說完我趕快先喝一口，再吃一塊裡面的豆腐，這下我剛才那股莫名其妙的脾氣立刻煙消雲散。

「果然還是這個味噌湯好！真是太妙了！」

這一刻我已是笑逐顏開。

「老婆！酒瓶裡還有酒嗎？我現在通體舒暢了，拿酒來！」

老婆早就料到是這樣的結果，所以讓酒瓶在廚櫃裡待命了。

她笑著說：「效果怎麼這麼快。茗荷配韭菜很好吃吧？」

「湯裡放什麼並不重要，我只要喝了這個味噌湯就好了，哈哈哈！」我會說。

通常我一旦再開始喝，威力可是相當驚人的。我會找人陪我一起喝一杯，這一喝就可以持續兩三天。其間一起喝酒的伴會換好幾個，但我可是一直坐在那兒喝。有時也會換個地方繼續喝，不過下酒菜始終都是豆腐，所以不會吃到撐。大概要喝到第四天，我才會休息。

而還在喝的時候，不管誰來我都不理。我的職業是作家，面對的大部分是出版社的人，所以來訪的多半是編輯，而且是在截稿日前來催稿的。這時我就會使出最後手段，罵他們：「渾蛋！來不及的話書就不要出啊！反正我又沒有向出版社先支稿費，也沒有拜託你們幫我出

將要用來釀製味噌的大豆搗爛。

書。」我也不知道自己怎麼會這麼愛喝酒。我就帶著這種惡習度過了前半輩子的人生，但即便如此，四十歲以後我做過兩次全身精密健康檢查，而兩次的檢查結果都是完全正常。大島博士向我保證，只要不出車禍或遭意外事故而死於非命，我一定能活到一百歲。可能因為這樣，我才能連喝兩三天的酒都沒事吧。

不管怎麼說，宿醉解脫都是我的常備良藥。味噌還具有這種神德無量的功德利益，所以各位太太們，不要再買市面上的味噌回家煮難喝的味噌湯了。自己釀製「宿醉解脫」可是不需要花一分錢的。我剛才用了少見的「死於非命」這個詞，在這裡順便解釋一下。所謂的「死於非命」，就是指死於車禍，或是經過工地被上面掉下來的鐵棒砸死這種非自然死亡的死法。

人類出生時都帶著一定的壽命，然而如果多行不義，壽命自然會折損。這筆人生帳清清楚楚，一分一毫絲毫不差。唯有孝順父母，才能為自己添壽。孝道與師道是三世諸佛淨業正因。人世間最高的功德利益就是盡心孝養父母，再來是尊師重道。現在許多大學生的行為簡直畜生不如，一定很快就會死於非命。

這些畜生說：「幹嘛要孝順父母？根本沒有必要。做父母的還不是為了享受快樂才會有小孩，所以他們當然有責任要養我們到二十歲，我們不需要奉養他們。」並且揮舞著木棍行凶，綁架囚禁教授，簡直比黑道還凶殘。這種人是不可能壽終正寢的。就算他們的母親重視學歷，特地安排他們越區就讀，進好的大學，最後他們的所作所為和強盜集團沒什麼兩樣，更有甚者還輪姦大學女生，卻滿口自稱是父母享樂後的產物，是精英大學生。這種無恥之徒遲早會死於非命，我倒真是很想看看生出這種孩子的父母究竟是什麼樣子。算了，不提這些東京大學的垃圾學生了[1]。還是趕快來講解剛才說的宿醉解脫吧。

做法

準備

去米店購買一升米糠。我問過米店，目前米糠的市價是一升三十日圓。

接下來是豆腐渣。我問了豆腐店，每天早上牧場來回收的價格是一斗五十日圓，所以一升是五圓。

再來是大豆。大豆一斗大約是一千日圓，所以一升是一百圓。

這樣三種材料就備齊了。先將米糠放進桶子裡，加水後充分攪拌。米糠其實不髒，所以只要將上面的灰塵洗掉就好。洗完後用篩子將水分篩掉，再鋪在草蓆或板子上曬乾。

雪花菜直接鋪開曬乾即可。

接下來要處理大豆。其實使用黑豆比較好，但因為黑豆很難買，所以準備一般的大豆一升即可。將大豆洗淨後泡水。品質越好的大豆泡水後會膨脹得越大，所以一升會膨脹至一升六合以上。大約泡半天左右之後撈出來，與之前鋪在板子上的米糠與雪花菜混合在一起。

我在此要特別說明一下。若是普通的大豆一斗，那麼米糠與雪花菜也要各準備一斗。這樣材料總共是三斗，原本處理的順序也不同，但因為只是先試做，因此可以將大豆與米糠、雪花菜混在一起處理。大豆形狀圓圓的又容易滾來滾去，要和軟綿綿的米糠和雪花菜混合必須很仔細地均勻攪拌才行。均勻混合後放入蒸籠內蒸熟（若沒有蒸籠可以用飯鍋代替）。拿一顆大豆吃吃看，就知道熟了沒有。蒸熟後將蒸籠拿下，將大豆、米糠與雪花菜攤開在板子或草蓆上冷卻。待溫度降至人的體溫約三十六度左右時就可以「播種」。所謂播種，就是加入種麴。

一袋種麴有一石的量，一升大豆就添加百分之一袋的種麴。一石大約有一百五十公斤，所以算出百分之一重量的種麴加進去即可。

不過百分之一的種麴量非常的少，在全部材料中所占的比例很低，第一次試做的人可能會覺得不安，擔心種麴加得太少，無法成功製麴。這時可以將種麴與三倍的米糠均勻混在一起後再加入至上述材料中。

加入種麴後將全部材料裝入木箱中，萬一沒有木箱的話就用其他牢固的箱子代替。然後將箱子以毯子或棉被蓋住，以保持裡面的溫度。像我家因為占地比較大，又有味噌倉庫和溫室，所以這些步驟對我來說很輕鬆。但沒有這些設備的一般家庭就只能以裹毯子或棉被的方法來保溫了。接下來就將其靜置等麴發酵。假設下午兩點將種麴「播種牽線」的話，等八個小時，也就是晚上十點左右就要「翻土」了。

翻土

「翻土」是將毯子或棉被拿掉之後，將裡面植了種麴的材料都拿出來，一邊確認種麴混合的狀況與麴菌的活動狀態一邊翻攪材料，以促進種麴的破精。這個步驟完成後再度用毯子、棉被將箱子包好後靜置。這時的溫度如果保持在三十七度左右，發酵狀況良好的話就沒問題了。

第二次翻土

到了第二天的早上六點左右，就必須進行第二次的翻土，接下來只需要靜置即可。不過萬一失敗，麴很有可能變得焦黑，所以隔一段時間就要把手伸進去探探溫度，萬一超過三十八度就要將毯子拿掉通通風。

整個過程大約花四十三個小時就會出麴，也就是發酵完畢。原本這中間為了達到最佳的出麴狀況還有幾個步驟，不過既然只是試做一升，這些步驟就可以省略，直接等麴的完成即可。

釀製

味噌的釀製當然也包括製麴，但其實麴製成之後才算真正的釀製。如果這以後的過程不順利，就無法做出好的味噌。各位在百貨公司買的味噌都是假的，不能算真正的味噌。我在本書中教各位的都是正牌味噌的做法，所以希望大家能仔細閱讀。

現在已經出麴了，接下來就是將煮好的大豆搗爛。古早的做法是放進臼裡用杵搗，這樣味噌的味道會特別好。雖然如此，現在時代這麼進步，我想一定有比落後的杵臼更方便的工具。這裡因為只是試做一升，比較簡單，但萬一量大就會很花時間了。所以我思考了很久，最後想出用肉店的切肉機來磨大豆應該很適合。實驗的結果，果然不用十分鐘就處理了大量的大豆。

現在即使是五、六瓶一石裝的大豆，用這個方法都能在短時間處理完畢。不過由於這裡只試做一升，所以將大豆、米糠和雪花菜全部倒入盆中混合後搗爛即可，反正大豆已經蒸熟，米糠和雪花菜也不需要特別花力氣去搗。尤其大豆如果不完全搗爛，釀出來的味噌味道反而很特別，所以這個步驟其實很簡單。

在搗大豆的過程中加入五合鹽巴，比例是一升大豆就加五合鹽。蒸好的大豆大約有一升六合五勺，但計算分量要以材料原本的分量來計算。所以這裡寫一升大豆放五合鹽，不管蒸好後大豆的量增加多少，只要放五合鹽就好。

接下來進入主要釀製過程。這裡最好是使用大木桶，但一般家庭很少會有，所以可以使用二斗瓶。我家裡有很多桶子和瓶子，但想想瓶子比較衛生，因此就不用大木桶了。

在清洗乾淨並用太陽曬過的瓶底灑入消毒用的鹽巴，然後裝入磨好的米糠、雪花菜和大豆。在裝滿之前可以先放入要醃的醬菜材料。雖然大豆的量有一升，加上米糠和雪花菜總共有三升多接近四升，但釀出來的味噌量畢竟不多，所以醃醬菜時不要貪心，差不多放三個佛手瓜左右就可以。下次可以試著做多一點，大約一斗的味噌。

放入要醃的材料再將剩下的味噌全裝入瓶中後，蓋上大片昆布，弄平後壓一片板子，最後放上一塊拳頭大小的石頭。

母念味噌的管理（因為有五十多種味噌，故一年四季都必須加以照料管理）。

然後用塑膠布將瓶口包住，再用細繩子綁住瓶子的邊緣，以防有蛾之類的昆蟲飛進去產卵。

這樣「宿醉解脫」就完成了。

註

上一頁的照片是在搗好的大豆中用大木杓將麴拌入的情景。這個步驟一開始要先用全長五尺左右的大木杓將麴與搗過的大豆混合，過一陣子還需要將手臂伸進去攪拌，所以腕力是很重要的。

1 作者以上所寫的乃指西元一九六八年熱中於學生運動的東京大學學生。

開蓋後的徑山寺味噌。

味噌大學　第十二課——徑山寺味噌

江戶時代起出現了被稱為徑山寺或金山寺的味噌，並立刻博得大眾的喜愛，流傳至今。

這種味噌也屬於嘗味噌的一種，最早是由中國浙江省徑山寺以及日本紀州和歌山金山寺的僧侶所釀製，無論在關西的京都、大阪或關東的江戶地方都大受歡迎，現在仍有許多日本料理店使用。但一般家庭已經不會自己釀製，都是買現成的回來吃。

造成這種狀況的原因，第一是因為日本家庭裡沒有工具。再者，大家根本不知道做味噌該用什麼工具，以及要如何做。這些人只要花錢買別人做的味噌就滿足了，根本不會想要研究做法，更遑論用自己釀製的味噌招待來客了。

所以他們根本不明白「手前味噌」的真正意義。所謂的手前味噌，是一家的主人請客人品嘗自家釀製的味噌，展現自己手藝的意思。

醃醬菜和味噌本來是男性的工作，畢竟女性是無法搬動壓在味噌桶上的重石或搗大豆的，所以一直由男性來從事醃漬。太宰府所祭祀的天神：菅原道真[1]對醃醬菜及味噌有很深的造詣。豐臣秀吉也以擅長醃漬稀有醬菜聞名，尤其以味噌醃醬菜最為拿手，故有香之物[2]太閤的美名。歷史文獻中記載，當時的天皇出巡時，豐臣秀吉還曾獻上自己釀製的味噌醃醬菜給天皇品嘗。

敢將自製的香之物獻給天皇，必定要手藝高超才有可能。而香之水是味噌出的汁水，又叫溜汁。這種像醬油般的汁水就是「香之水」，是二品、三品典侍[3]所使用的宮中名詞。而用香之水所醃製的就是「香之物」，也是貴族用語，當時醬菜被稱為香之物，是非常珍貴的。

能夠以自製的味噌醬菜自豪，表示對醃漬用的味噌也有絕對的自信。當時豐臣秀吉獻給天皇的菜肴被明確地記載於史書中並一直流傳至後世，表示豐太閤要求下屬將膳食之事也記錄下來。

而古代善於醃漬醬菜的武士也為數不少，其中以源義經[4]和武藏坊弁慶[5]的蘿蔔泥故事最為有趣。

義經小時候很窮苦，所以戰時很擅長醃漬一夜即成的速成醬菜。

在一之谷戰役中，義經忙於征戰，根本沒辦法好好吃頓飯。有一次他經過河邊，剛好看見河裡有一個破掉的缽被河水洗得很乾淨，河邊的田裡則有長得晶瑩剔透的白蘿蔔。

於是義經拔了一棵白蘿蔔拿到河裡洗。

「弁慶，飯好了嗎？」他邊洗邊問。

弁慶將飯鍋蓋打開來看了看，回報：

「飯已經煮好了。」

「我現在來搗蘿蔔。」

說完義經用破掉的缽開始熟練地磨起蘿蔔。

「把那個碗拿給我。蘿蔔泥要配鹽巴才好吃。」

就這樣，轉眼間義經就完成了鹽巴蘿蔔泥。

「其實加味噌是最好吃的，不過加鹽巴也別有風味。」他這麼告訴弁慶。

這時弁慶才知道原來蘿蔔泥還可以加鹽巴吃。後來負責膳食的弁慶也開始做蘿蔔泥了。弁慶以動作迅雷不及掩耳聞名，才剛聽他大吼一聲，再看他已將盔甲穿戴整齊準備出征了，所以磨蘿蔔泥的速度也出奇地快。

義經覺得奇怪，就跑到軍營的廚房口偷看。結果看到弁慶正拿著一根蘿蔔，啃下一口就在嘴巴裡嚼一嚼，然後吐在手上的碗裡。

「哈哈哈！我就覺得這蘿蔔泥的顆粒怎麼這麼粗。原來弁慶的口水很美味呢。」義經看了笑著說。

這就是弁慶與蘿蔔泥的故事，而我們可以從中學到人生的智慧。

那些登山中遇難的人腦筋都不好，所以都不知道要隨身攜帶鹽巴。只要有鹽，就可以避免因飢餓而死。而不知道活用鹽巴的人，也只能眼巴巴地等死了。

我是不知道他們為何而登山，想必是去尋死的吧。這些傻子要自尋死路，誰也阻止不了。

言歸正傳，來講解徑山寺味噌的做法。

材料

大豆一升

小麥一升

先將大豆用大鍋炒過。火太大的話豆子會

釀製味噌時，鹽的分量必須計算得很準確。

焦掉，所以盡量用小火，拿大木杓輕輕翻攪豆子。豆子一炒外皮就會脫落，稍後用篩子將豆子與豆皮分開，並將豆皮留著待用。

炒完後用石臼將大豆稍微輾一下。輾得太細的話就變大豆粉，所以稍微輾碎即可。這年頭可能沒人家裡還有石臼，所以請想辦法找其他工具代替，只要能將大豆輾碎就好了。炒大豆時皮會剝落，但輾大豆時可以連皮一起輾，再用篩子將豆與皮分開，然後將大豆皮與種麴混合在一起。如此一來可以增加麴的量，這樣在植入種麴時就很方便。

接下來是小麥。使用大麥也可以，但小麥味道比較好，因此這裡以小麥來說明。

小麥與大豆的分量都是一升，原本應先將小麥製成麴，與大豆混合後在釀製成味噌。不過因為一升小麥的分量太少，因此這裡就將小麥與大豆一起處理，以節省時間。

小麥可以直接使用，也可以先請米店幫忙將小麥去掉一層薄皮。皮去得太多就變成小麥粉，所以一定要請米店稍微去一層皮就好。

小麥用水清洗後泡在水中。泡半天左右小麥就會膨脹一倍半左右，如果品質好的話會膨脹得更多。

然後將小麥撈起，與剛才用篩子篩過的大豆混合後放入蒸籠。也可以將小麥與大豆分開蒸，但因為反正量不大，所以就混在一起蒸即可。

蒸好之後攤開鋪在薄草蓆上冷卻。待溫度降至三十五、六度後，將之前摻了大豆皮的麴攪拌進去。

麴要使用多少量呢？種麴一袋是一百五十公斤，有一石的分量。打開後取出百分之二與大豆皮的粉和在一起，然後植入大豆與小麥中。大豆一升加小麥一升合計是兩升，那麼使用的麴量就是一石的百分之二。

將麴植入後，先全部裝入塑膠袋裡，再放入木箱或厚紙箱中，然後用毯子或棉被包起來以維持高溫發酵。溫度應該要從三十五度漸漸上升至四十度左右，待表面長出麴花後就表示麴已經製成了。

第一天　如果是下午兩點植入的麴，那麼八小時之後就要「翻土」，讓材料混合得均勻。再過八小時後要進行第二次的「翻土」，大約是第二天的早晨六點。

第二天　等六點鐘第二次的「翻土」結束後，如果量大的話中間還有幾個步驟，不過因為這次的量很少，只需要注意麴的溫度即可。等過了午夜十二點後就進入第三天。

第三天　這一天只需要等麴長出來——出麴。出麴的時間應該在晚上八點，這樣算起來製麴差不多要花四十二小時。

麴室的暖氣。

你做出漂亮的麴了嗎？

接下來進入釀製。這裡要注意的是，這次使用的釀製材料是將大豆與小麥混合後才植的麴。

一般做味噌時大豆中是不直接加入種麴的，而是將長出麴的小麥，或是麥麴或米麴與大豆混合後再釀製。而這次我們是先將大豆與小麥混合後直接植入種麴，因此大豆也長了麴。基本上只有在八丁味噌，也就是單身味噌的製作過程中才會在大豆中植麴。這也是一種老式的製法，而且單身味噌必須放置一年後才能食用，因此成本比較高，自然賣價也貴，因為加上了商人支票的手續費啊！

然而不懂門道的廚師都以為貴的就是好東西，所以把八丁味噌當成最高級味噌，用這種苦苦的味噌來煮湯，名為「紅味噌湯」，欺騙大眾。而偏偏有些自以為什麼都懂的「貴婦」還真的被騙，指定要喝紅味噌湯。所謂「無知也是一種幸福」，指的就是這些「貴婦」。

就在前天，一位想討老婆的青年拜託我幫他介紹對象。他開出的條件是只要有短期大學的學歷，會煮味噌湯和做醬菜就可以，其他什麼都不要求。我聽了對他說：「你開的條件簡直是難如登天。如果有這樣的未婚年輕女性，那連我都想娶來做第二任老婆了。這種女孩子要去哪找啊？」所以我拒絕了他。

「你說希望有短大畢業的學歷，這是指教育程度。教育和教養可是不同的，又要懂味噌又要會做醬菜的年輕女孩現在是打著燈籠也找不到了。」

他聽了也只有點頭的份。我的亡妻生前因子宮癌垂死之際，我曾經帶她到那須高原居住療養過一段時間，住在當地的旅館。我習慣隨

題了「小入道」6的醬菜石。醃醬菜的奧祕就在於上面壓的石頭。

身帶著自己醃的味噌和醬菜，當時也帶了三種味噌和七八種醬菜過去。旅館老闆來跟我打招呼時說他們新聘了一個大學畢業的東京廚師，相信做的菜應該可以讓我滿意。

「是在東京混不下去了吧！就是那個把我的味噌拿去過濾的廚師吧？」我這麼諷刺他。故意強調是大學畢業的就讓我不以為然了，而老闆居然聘用一個連味噌該不該過濾都分辨不出來的瞎子，也是夠笨的了。

由於我很尊重廚師，因此住在旅館期間我常會包紅包給他們，那個大學畢業的廚師因此來向我道謝。

「那個自作聰明的廚師就是你嗎？」我直接了當地問他。

「請問是什麼意思啊？」

「笨蛋！我帶來的味噌是該磨還是該過濾你都分不清楚嗎？你將它過濾之後有留下什麼殘渣嗎？」

「完全沒有。」他一臉茫然地回答。

「那你覺得還需要過濾嗎？」

「我不會再過濾了。」

「那我就告訴你，我家的味噌是不需要花這種無謂的工夫的。你一定以為味噌就是要磨或是要過濾的對吧？我家的可不是這種老式味噌，既不用磨也不用過濾，你下次不要再多此一舉了。」

聽了我的話，他似乎很吃驚。我是沒有多問，不過他該不會是東京大學畢業的吧！不過東大多蠢材，也搞不好他是只熱衷於學生運動的東大學生。

這個廚師還發生過一件事。大約是在五月的時候吧！他來問我：

「老師，您要吃杉菜嗎？」

「好啊！」

於是當天的午餐中就有杉菜，味道很好。傍晚他來找我，於是我問他：

「中午的杉菜很好吃，你是用醬油直接調的味吧？」

「是的，杉菜一定要這麼煮才好吃。」他充滿自信地回答。

「是啊。不過你知道還有一種方法可以讓杉菜吃起來有另一種風味嗎？」

他說不知道，請我教他。於是我問他：

「你既然是廚師，應該知道什麼是『鹽梅』吧？」

結果他說他也不知道。

「那算了。杉菜還有嗎？」

他說還有很多。

「那麼你將杉菜洗乾淨，然後放進兩三顆梅子，再加水煮二十分鐘。之後加入大量的柴魚片，並且不要加醬油，只用鹽巴調味。這種做法叫做鹽梅煮，你吃吃看，就像是水戶黃門[7]或太宰府的天神[8]從遠方特別寄來的當地名產美味，味道相當特別。杉菜一定要煮出這種味道才行。」

我告訴他這才算是鹽梅的最高境界，他聽了非常高興。

偏離正題了。我之所以寫這些是想給年輕女性看，即使只有一個人看到也好。

接下來，

㈠甘露子

㈡木耳

㈢昆布

㈣越瓜（曬乾的）

㈤苦瓜

㈥香榧仁

㈦辣椒（葉子和肉）

㈧刀豆

除了以上八種材料外，如果有更好吃的也可以加上去。將上述八種材料拌入金山寺味噌中醃漬。

如之前所說，味噌是將大豆與小麥混合後釀製，因此不要將大豆先搗碎或磨碎。將大豆與小麥混合後加入四合鹽，攪拌後再釀製。

充分攪拌後裝入二斗的甕中。先在底部鋪大約一寸厚的味噌，再將上述材料鋪在味噌上。

包括木耳在內的所有材料都要切成小塊再鋪，不要太大。昆布、越瓜和苦瓜本身就有獨特的味道，與味噌混合後又有新的風味，因此要小心處理。

其中只有辣椒，雖然辣但好吃，因此不要切碎，直接放進去即可。帶葉辣椒最好放在一起醃比較好吃，所以可以裝在紗布袋裡再放進去醃。等材料都鋪好後，在上面再蓋上約一寸左右的味噌。就這樣一層蔬菜一層味噌，一直鋪到味噌用完為止。

鋪好後將表面塗平，然後鋪上一層大片昆布，上面蓋上蓋子，最後壓一塊小石頭。

經過三、四個月後試吃一點味噌看看。如果已經很入味了，就可以拿出來食用了。

這種味噌是屬於嘗味噌，因此可以在芹菜或黃瓜旁放上一匙當沾醬。許多小飯館會拿這個當一開始的下酒小菜，但因為用的味噌多半不好，因此很多人會覺得不好吃。

由於這次是將大豆與小麥混合後再植入種麴，因此沒有特別介紹大豆的處理方式。其實正統的做法應該是將大豆分開處理後再與小麥麴混合的。如果能以黑豆代替大豆，那麼釀出來的味噌風味會更好。以上為名為徑山寺或金山寺的嘗味噌製作方法。

1 西元八四五~九〇三年，日本平安時代的貴族、學者。
2 由於醃醬菜會散發出強烈的香味，故又名香之物。
3 後宮的女官。
4 平安時代末期的武將。
5 平安時代末期的僧兵。
6 小僧之意。
7 水戶位於現在的茨城縣，水戶黃門為江戶時代水戶地方的藩主。
8 太宰府位於九州福岡縣，祭祀的天神為菅原道真。

手前味噌

手前味噌（1）

乳房與味噌

日前荒垣秀雄以《朝日新聞》報的「天聲人語」專欄榮獲菊池寬賞[1]。在出席慶功宴之前，我陪朝倉文夫[2]前往雕刻家渡邊弘行的工作室，看即將放在文藝坐[3]正面外牆前的大型雕像。到了工作室後，渡邊夫人親手做了一些菜招待我們喝酒吃飯。

我對於占了工作室整個地板那麼大的雕像上那副偉大的乳房表達了我的滿意。這對大弁才天[4]的乳房大約有一斗的木桶那麼大而豐滿。我不禁說：「這對乳房是代表神聖母性的乳房。」

結果朝倉老師突然說：

「乳房和味噌是每個人都懷念的味道。」

這座雕像雖然將弁才天化身為現代女性模樣的女神像，但她豐腴的胸脯毫不吝惜地展現出來，左手抱著一把琴，高高地飛舞在天空中。在欣賞這座巨大銅像的場合，話題居然會由乳房衍生到味噌上，讓我覺得很有趣。這座銅像雖然實際是由渡邊弘行雕刻，但在雕刻時受到朝倉老師的直接指導，因此等於是兩人共同合作的作品。朝倉老師對味噌的意見或許也就是他的「手前味噌」，我懷著這樣的想法，靜靜聆聽老師的高見。

「噯，噯，我說三角君啊！」當老師連續說兩次「噯」，就表示他的心情很好，有很多話想說。

「人類離開母親乳房後吃的第一樣食物是一輩子都不會忘記的。乳房是生命的源頭，所以人類不會忘記母奶的味道。當離開了這個第一條維繫生命之繩索，接下來的第二條繩索也是人類至死都會記得的。而日本人斷了母奶之後大部分都是喝味噌湯，味噌造就了我們日本人世世代代的血肉。所以只有味噌這樣食物夠資格被稱為是祖先流傳下來的血肉。但也就因為這樣，味噌的存在變成理所當然。就像我們可能輕易就忘了母奶的重要般，味噌帶給我們的恩惠也容易被人所遺忘。不過話說回來，好吃的味噌還真的不多啊！」

我完全同意朝倉老師的意見，同時突然想起母親的乳房。我母親生前常陪朝倉老師的母親聊天，老師是我的同鄉，也是我的大前輩。

十一歲那年的春天，我離開了母親的羽翼出家為僧。我是母親最小的兒子，母親心疼我自小沒了父親，因此每晚都陪我入睡，一直到我離家的那天早上。

每天早上母親要起床時，我總是急忙抓住母親的乳房。而母親會把我的手拍掉，鑽出被窩。一直到現在，我仍然很懷念每天早上起床前觸碰到母親乳房的那種難以形容的喜悅感觸。

母親的乳房雖然沒有弁才天那麼豐滿，但也相當圓潤豐腴，就像裝滿五合白米的絲絹袋一般。乳頭像我現在的拇指那麼粗，孩子撥弄起來剛剛好。母親的乳腺雖然已經阻塞了，但我每晚仍然含著母親的乳頭，聞著母親的體香入睡。

今天聽朝倉老師這麼說，我才想起自己離乳後第一次吃的食物的確是味噌湯。我們家代代務農，因此儲藏了許多美味的味噌，母親也是做味噌的高手。

「以前有一句話說『今年就吃去年的味噌，是非民[5]的行為』。」

母親常說這句話給我們聽。繼承家業的大姐有一次說：

「乞丐的食物都是乞討來的，不可能討得到還那麼新的味噌。」

結果母親很嚴肅地說：

「笨蛋，妳說的是什麼歪理，非民和乞丐是不一樣的。在古代，只要一個人出生，就可以分配到三段田地。出生時配給，死後就要歸還朝廷。

「那時候殿上人[6]不耕種，都是接受『扶持米』的資助。在配給扶持米時，周圍會用竹籬笆圍住，而官員們都必須穿著上朝時的朝服來領米。由負責發配的差役量好分量分發給官員。當時配給白米這件事被稱為『非民扶持』。

檢查爐灶的火力。仔細攪拌以免大豆燒焦。

「無論是官位再高，只要是不能自己耕種生產食糧者，就不能稱為『民』，而是『非民眾』。我的祖父時常說百姓被尊稱為『大御寶』，就是因為他們能夠從田地種植出寶藏來，因此是值得尊敬的。

「而非民眾則因為自己不會種田，只能吃討來的食物。這種人是沒有資格吃釀造了兩年甚至三年的上好味噌的。我剛才說的那句話是這個意思，懂了嗎？」

「喔。」

不管懂不懂，不回答就會被罵。所以姊姊只好乖乖地「喔」了一聲。

我後來回想起母親說的這番話，才發現「非民」這個詞後來以訛傳訛變成「非人」，最後更是與乞丐變成同義詞了。

我邊回憶這段往事，邊聆聽朝倉老師對味噌的高論。離開工作室後直接去「天聲人語」得獎慶功宴的會場——東京STATION大飯店。我的學長荒垣秀雄於大正十五年[7]進入朝日新聞社，我則早他一個月。我們都被分發至社會部，成為戰友。我工作不到十年就發現自己不適合新聞記者這份工作了；而荒垣學長則成為鼎鼎有名的大記者，現在仍在朝日工作。這次他以「天聲人語」榮獲菊池寬賞，我負責擔任慶功宴的司儀。老實說我真不知該為荒垣高興還是悲哀。說到寫「天聲人語」的荒垣可是無人不知，都擁有這樣名聲地位了，多獲得一個雜誌社的小獎也不過是錦上添花吧？他真的會因為獲獎而高興嗎？我當司儀的時候就發揮毒舌精神這麼虧他。不過慶功宴真的很盛大，朝倉老師也包了個紅包表示祝賀。這晚還有個幕後的司儀，就是村山上野商店的大掌櫃扇谷正造。所謂村山上野商店其實就是指朝日新聞社，而大掌櫃就是《週刊朝日》的總編輯扇谷。因為他手腕高明讓週刊大賣，因此獲得這個稱號。這位扇谷總編輯在慶功宴結束後，不知該說是巧合還是奇緣，亦或是順理成章，居然突然對我說：

「味噌！味噌！你寫點關於味噌的文章吧！」

我心想，今天怎麼都是關於味噌的話題，也欣然接受這個任務，寫下這篇關於「手前味噌」的文章。

將麴菌直接植入大豆製的麴是用來做八丁味噌的材料，俗稱的紅味噌指的就是這種味噌，但並非高級品。

讓麴菌直接在大豆上作用後發酵成的麴。

1 由日本文豪菊池寬所發起的文學獎。

2 西元一八八三～一九六四年，橫跨明治至昭和時代的雕刻家。

3 作者三角寬於二次大戰後在池袋所開設的藝術電影院。

4 日本神話中的七福神之一，是印度教女神弁才天女的日本形象。

5 古代日本被歸類於士農工商之外的低等階級人民。

6 古代日本被允許登上天皇的清涼殿南廂的四品、五品官。

7 西元一九二六年。

味噌歌

我的母親連私塾都沒上過，所以小時候是由祖父手抄「味噌歌」給她，而她就背著弟弟（我舅舅叫森作）一面當小保母，一面讀這首歌並試著唱。聽母親說祖父擅長寫淨瑠璃[1]，所以手抄的味噌歌也是很難讀懂的特殊流派文字，可說是非常有學問。

大豆性屬甘溫，順氣。寬中活氣，解散藥毒百毒。

麴性亦屬甘溫，入胃後飲食過量者可幫助消化，消除閉塞之感，通元氣活新血。

豆與麴中加了冷的鹽巴更是錦上添花、如虎添翼。鹽巴可引導豆與麴流入心腎肺脾肝，收斂血氣。滋潤筋骨，解毒清血，止痛止癢，自然促進食慾活絡氣血。

味噌兼具二溫一寒，中和後相輔相成。遇熱則顯涼性；遇寒則顯熱。抑強助弱，寬急固緩，止血氣潰散，驅惡氣，一身安穩無礙神通。

母親就這樣邊照顧弟弟邊唱這首歌，所以背得滾瓜爛熟，想忘也忘不掉。她總是邊攪拌味噌邊唱給我聽，並叫我也跟著學。我就像小和尚學念經一樣反覆練習，最後終於背得像老和尚誦經般熟練。

當時我常和哥哥兩個人蹲在大灶旁，一邊添加柴火，一邊烤地瓜，並聽母親唱味噌歌，我們也趁機學起來。後來我進了朝日新聞社，自己也開始做味噌後，想起這首歌，便試著以平假名將記得的歌詞寫出來。然而念起來不但繞口，意思也很難理解。因此我拿出字典，試著將平假名配上漢字。由譯成漢字的歌詞來看，這首歌最早應該是由一名學者所作。其實後半段的歌詞也很有趣，但由於中間有一部分我已經記不太清楚，因此將大致的意思寫出來便罷。

意思就是說味噌性平，質微溫，若只將味噌拿來食用可是大錯特錯。味噌的營養豐富是無庸置疑了，同時對於各種疼痛、紅腫、割傷等外傷也是靈丹妙藥。在患部塗上味噌，再以大的艾柱薰灸，就能在不傷肌膚的狀態下散淤血、溫熱患部，具有止痛收斂的功效。

因此在守城戰時，味噌的儲備量才是決勝的關鍵。一般家庭亦然，萬一遇到火災時，哪有時間去拿土來擋火。用味噌塗在倉庫窗戶格子上的話就可以抵擋猛火。因此平日儲備味噌，再加上好吃的香之物（味噌醃醬菜），生活就勝王公貴族。家裡若沒有味噌，就是非民的悲哀。以上即為味噌歌的歌詞大意。

對於年過五十的我來說，真是一首越聽越有趣、越聽越心生感恩之情的歌啊！

每年到了秋天，就能從田埂邊採收大豆。在九州的豐後地區將這種大豆稱為畦豆。每年插完秧後就在田埂邊播下大豆的種，有效利用狹隘的土地。這種畦豆保存起來比較容易，因此人們多半將其用來釀製味噌。

我突然想起來，人們有時會在這種畦豆還沒完全成熟、還是青色時食用。在賞月的夜晚，在竹篩裡盛著烤飯、栗子、山芋、地瓜和毛豆，放在臼上後端到庭院裡祭拜月亮。而小男生們會將這些供品偷去吃，被稱為「盜月」。當然大人不會罵這些小孩，每次看到這些小小偷來了，大人們就會趕緊進屋假裝沒看到。原本也就是件微不足道的小事，不知從什麼時候開始變成一種風俗習慣，被「盜月」變成一種好預兆。

賞月時會將剛收成的畦豆煮來吃，也拿來供奉月亮。我母親嚴格禁止我們兄弟「盜月」，她說就算是習俗也不能做這種不道德的事。而且她不喜歡我們吃這種還沒完全成熟的青豆，說對腸胃不好，而且明明應該等大豆成熟後再採收，儲藏起來等著做味噌或豆腐，所以不可以在還沒成熟時就吃。這個觀念大概也因此而深植我的腦海，所以我每次喝酒時看到端上來的綠色豌豆夾都不想吃。有時勉強吃下去就一定會拉肚子。我認為這是個好習慣。

當秋天收成的米儲藏好後，農家終於可以鬆一口氣，接下來就是煮豆子了。這個工作大約是從十二月到

溜味噌開蓋了。中間小竹籃裡積的香之水可以拿出來做菜用。

正月這段期間完成。人們會往廚房的大灶裡投入有大腿那麼粗的木柴，維持大火。我還記得小學三年級那年的年底，大人叫我和長我四歲的哥哥一起負責燒柴火，於是我們倆就蹲在灶前烤下體。

對孩子來說光是將唐薯（就是東京人說的地瓜）放進灶裡烤來吃實在不夠好玩，畢竟灶裡的柴火燒得那麼旺，又充滿了像大人拳頭般大、燒得火紅的煤炭。地瓜除非是放在灶口的熱灰裡，否則一下就烤得焦黑。

鐵匠斷指記

「喂，我們來打鐵好了。」

忘記是我還是哥哥這麼提議，總之兄弟倆就開始打鐵。剛好有一把割草用的鐮刀頭斷了，所以我們打算將這把鐮刀拿進火裡烤一烤，然後將斷的頭再接起來。

當然，我們沒有打鐵匠用的打鐵墊和斧

頭，不過因為是農家，所以有曬穀場。另外玄關的角落放了一塊表面平坦的石頭，而且家裡還有打稻穀用的大木槌，兄弟倆就打算用這些工具來將斷頭的鐮刀重新熔接，現在想想還真是胡來啊！

哥哥先說：「我們用鉛來把頭接起來。」

於是我們找出一塊漁網用的鉛墜，就是綁在釣竿上讓魚線垂直下沉的鉛片。我們將其切成三塊，想把它放進灶裡燒熔了之後用來焊接鐮刀頭，實在是幼稚荒唐的想法。

將製好的大豆麴拿到磅秤上秤重並記錄。

「拿來了！」

我將斷掉的鐮刀和刀柄拿過來，哥哥則將鉛片放在廚房入口的地板上。我用右手握著鐮刀的刀尖，刀刃與刀柄相接的部分下面放著鉛片。為了不讓刀刃左右晃動，我握得特別緊。

「我要打囉！」

哥哥將手上的打穀槌高高舉起，我則緊握住刀尖，以免它移動。下一秒鐘，哥哥用盡全身力氣往鐮刀刀背上敲下去。就在這一剎那，

「好痛！我的手斷了！」

我大叫出來。我右手食指和中指第二指節被砍得連骨頭都斷了，斷掉的中指垂在半空，只有內側的皮膚還勉強連著，沒有完全斷。

而且中指旁的無名指和食指的第二指節也被切斷一

1 以三味線伴奏，高級藝妓朗誦的戲曲。

將發好的大麥麴拿出來。

半，開了好大的口。我痛得說不出話來，傷口血流如注。然而鉛片卻毫髮無傷，只有我的手指因為在鉛片上方，哥哥的木槌敲下來時是敲在鐮刀刀背的中央，讓刀尖部分受的力更重，所以只切斷了我的手指，鉛片則是完好如初。

手前味噌（3）

毒蛇皮與味噌

「怎麼了？」

原本站在灶的後方用大杓煮味噌豆的母親聽到聲音跑到廚房來。

「給我看！」

母親抓住我的手臂。

「哎呀，連骨頭都斷了！」

說完看看我，又看看傷口。

「你怎麼不知道哭呢？傻孩子，疼了就哭呀！」

雖然母親這麼說，然而我卻怎麼也哭不出來。母親將我的手掌放在她的左手心上，再用右手壓住我手腕的血管，盯著我的傷口看了一下，然後眼神一轉，瞪著哥哥說：「你這個笨蛋！想把弟弟大卸八塊嗎？把木槌放下！」

哥哥因為受驚過度，一直呆若木雞地站在一旁，被母親喝斥了才回過神來，趕緊放下木槌，過來探視我的傷口。

只見哥哥眼框裡噙滿淚水，一副快哭出來的樣子。

「你去把我插在屋簷下的蛇皮拿過來。」

「哦。」

哥哥急忙跑出去。一直到現在，當時他那副快哭出來的可憐模樣還印在我眼底。哥哥一定又擔心又內疚，不知該怎麼辦才好。母親用她大大的右手掌抓住我的手腕，邊把脈邊按住我的血管。先是低下頭，下一刻又抬起頭，像小狗一樣舔掉我手指冒出來的血。

這時哥哥慌張地將捲在竹串上的蛇皮拿過來。

「拿來了。」

他將蛇皮遞給母親。

「好了，血止住了。你用力按住這裡，萬一放開的話血又會噴出來喔！」母親讓哥哥按住我手腕的血管說。

「我是有石碳酸，但塗在傷口上非常刺痛。還是媽媽的口水最有用啦！」

現在回想起來，母親很準確地掌握了右手左側尺骨動脈的位置所在。

她讓哥哥用雙手壓住我的手腕，她自己則像狗或是貓一樣將我的血舔得乾乾淨淨，彷彿拿棉花仔細擦拭過一般。然後將我中指被切斷的骨頭面接合在一起後連同無名指一起用蛇皮包起來。她又從木箱裡拿出一條新的布將我的手指和竹筷綁在一起以免手指彎曲，最後再將布繞過我的脖子，把我的右手吊起來。

「如果你亂動手指，骨頭接合的地方就會錯開，手指會長歪哦！所以整個手掌都絕對不可以動知道嗎？等下我會用碳化的小米麻糬幫你做藥膏，敷上去之後會讓你的骨頭快點接合。身體髮膚有了損傷就是大不孝，我會用母愛讓你的手指趕快好，下次絕對不能再做這種傻事了知道嗎？身體乃受之父母，不可以輕易毀傷。萬一你發燒不舒服，就叫哥哥幫你哭吧！」

母親邊說邊用她那雙銅鈴般的大眼瞪著我，這種時候她也絲毫不驚慌，堅強得很。

當時母親的堂兄弟中有一位叫做江藤相馬的名醫，曾受過母親娘家的照顧，在那裡開業看診。

這位名醫尤其擅長的是外科，他後來在縣道上開了一家醫院，賺了不少錢，還熱中於開採金礦。（他的兒子江藤亨博士和女兒壽子都是醫學博士。）

「就算去給相馬醫生看，他頂多也就幫你做這樣的處理，所以不用麻煩他了。」母親這麼說。

接著她用燒味噌的灶將硬梆梆的小米麻糬蒸烤至碳化，再搗成粉末後加入菜籽油，仔細地攪拌混合。

完成後母親將這種藥膏塗滿在我手心手背的蛇皮上，再用布做的繃帶綑起來。

這樣我的手指不僅被固定了，母親塗的藥膏又具有強力解熱效果，因此我的疼痛大大減輕。再加上母親又在我的手肘至手腕部位塗上最陳年的四年味噌，再用布包起來，這也是陣痛解熱的良方。

不過我還真不明白為什麼蛇皮會有解熱效果，我手指用蛇皮包住的部分顯得特別緊實白皙。

我突然想起以前曾經看過將曬乾的蛇皮包在割傷的傷口上，結果原本乾巴巴的蛇皮漸漸變得就像剛剝下來一般濕潤有光澤。這表示蛇皮擁有能起死回生的功能吧？

忌諱殺生的母親從來不殺蛇，夏天早上去割草時都會看到蛇，但母親只是嘴上說：「快走開！」等牠們自己逃走。雖然她不殺蛇，但若有人在割草時殺了蛇，母親會用味噌與對方交換蛇皮，然後將蛇皮曬在屋前。

母親每年都會這麼準備新的蛇皮，以便家裡有人受傷時可以派上用場。她說我切斷手指那次是她的蛇皮第一次派上用場，小米麻糬也是她常備的急救藥。

幫我包紮好之後，哥哥又被罵了一頓。

「怎麼會有人笨到把好端端的弟弟大卸八塊啊！」

接著母親說，我開始上學後從未請過假，這次也不能因這種小傷就不去上學。所以要我還是去上學，書本就請哥哥幫我拿。

我就這樣帶著蒼白的臉色，吊著手臂，每天走一里的山路去上學。書本我也自己拿，沒有請過一天假。

我家到學校要走四公里，也就是一里的路程。我每天走這麼遠的路，卻從來不覺得辛苦，可能是因為當

將煮大豆的水（飴）倒出來，保存起來，之後可以加入味噌中。

將大鍋中的大豆攪拌搗爛。

時還小體力好吧！現在年紀大了，常想起母親說的：「學難成，今日之少年，明日之老爺老太。」每次母親幫我換手腕上的解熱藥時，就會一邊禱告：「請讓這孩子的骨頭接合起來，南無阿彌陀佛！」這就是母愛啊！

手前味噌 (4)

中指的敗北

大正十二年[1]，也是關東大地震那年，我收到徵兵體檢的通知。

我原本打算在東京接受體檢，但想想我這個臉色蒼白的都市人如果混在一堆九州男子漢當中的話應該不會被判定是甲等，就可以不用立即入伍了。我故鄉九州的男孩子都很強壯，像我這種在東京苦讀且營養不良的窮學生，一定會被判定是乙等才對。

而且我的右手小時候在煮味噌的大鍋前受過嚴重的傷，也算是傷殘吧！我張開右手掌的時候其他四根指頭可以分開，但受過傷的中指要過好幾秒才能伸直。

而且中指在伸直的時候還會發出「喀」一聲聽了很不舒服的聲音。像我這樣的傷殘要扣三八式步槍的扳機是有困難的，所以應該算是乙等，不，搞不好會是丙等。不管現在的社會風氣是多麼崇拜天皇的軍隊，我還是不想去從事殺戮行為。

即使軍神廣瀨中佐[2]是我的同鄉前輩，但我還是不想當兵。所以我特地千里迢迢跑回故鄉接受體檢。

我的故鄉在現在的竹田市[3]，常常可以看到狐狸、貍貓，市中心就只有像碗底那麼大的竹田町，還有相隔一段距離的一條玉來町而已，剩下的地區全都是農村。竹田市是古代岡城[4]的城下町[5]，所以充滿古色古香的風情。竹田市出身的名人有田能村竹田[6]、廣瀨中佐等。

我就在這個竹田町的某所小學操場接受體檢。我拼命對軍醫說明我中指的狀況，還伸縮右手指給他看。

然而軍醫根本沒仔細看就說：

「小型手槍的扳機是用食指扣的，所以中指不會有影響。」

然後將我帶到暗室，不管我的中指，只顧著檢查我的視力，最後只剩我一個人被留下來。

看來比起手指，他們似乎更重視近視的度數。

「你的近視度數只需要戴眼鏡就沒問題了。」

結果我被判定是標準的甲種，合格了。

「還好你沒被當成殘障。」母親對這個結果很高興。而我自己則又有點開心，又有點惋惜。

當時我還在日本大學就讀，由於湊不出志願一

將種麴植入大量的大麥中。

年的一百零八圓，故雖然百般不願，也只能暫時放棄學業先入伍。中斷學業入伍當兵對於苦讀的窮學生來說是最痛苦的事。

當時政府規定如果能繳交一百零八圓的話，就能夠服役一年即升至少尉。沒錢的我只能死心，當個小兵服役兩年。

1 西元一九二三年。
2 廣瀨武夫，明治時代日本海軍軍人，因日俄戰爭期間的英勇事蹟，死後被封為「軍神」。
3 現在的九州地方大分縣竹田市。

---

4 古代築於現今竹田市的山城。
5 以領主居住的城堡為中心所發展出的城市型態。
6 江戶時代後期著名的文人畫家。

手前味噌（5）

家鄉味噌的味噌醬菜

退役後，由於考上東京朝日新聞社，因此我於大正十五年[1]三月一日退學進入朝日。開始上班的第二年春天，我認識的一位太太很熱心地幫我介紹對象，於是我成了家，並在板橋租了棟房子。隔年六月我的女兒寬子出生（我就這麼一個獨生女），又過了一年的二月底，我母親由當初砍斷我手指的哥哥陪著從老家上來，準備幫我女兒買雛偶人，迎接她的第一個女兒節。當初聽到我考進規模不輸三井、三菱等大公司的朝日新聞，母親也只是說：「你怎麼會去當人人喊打的新聞記者！」絲毫沒有喜悅之情。這次和哥哥來其實也是為了看看我在東京過得怎麼樣。

我租的房子共有八疊[2]、四疊半、三疊大的三個房間，再加上一個小廚房，每月房租是二十圓。母親一進房間眉頭就皺起來了，雖然對我而言這棟房子已經算是豪宅了，但看在母親眼裡，我在東京的生活就如同她想像中的拮据可憐。但當時的我好不容易加了薪，每個月的薪水距離一百圓只差那麼一點，我自認住這樣的房子已經是很有派頭了。和我差不多時期

新聞記者時期參加大正天皇葬禮的作者。

進公司的同事裡只有我是住獨門獨戶的房子，其他即使是薪水比我高的，也不過是在池袋附近的新開發地區分租雅房（我指的是月領七、八十圓的同事）。

母親到東京後的第二個早晨，就站在廚房將她帶來的家鄉味一一拿出來。總共有白米四斗（當時白米可自由買賣）、味噌醬菜一大缸、紫萁、蕨菜、乾香菇等。其他還有芋莖、蘿蔔乾等好多家當。

母親將這些東西拿到一坪[3]半大的廚房，全部擺在檯子上，然後環顧四周，不可思議地喃喃自語道：「我就猜到你家的廚房應該很小，不過你們也算很努力在過日子了。早知如此我就再多帶一大缸味噌來給你。」

她的口氣充滿了同情與憐憫，讓哥哥在一旁聽了很尷尬，不禁大聲喝斥：

「媽！您別再說了，回去之後再寄來就好了。」

我則是與妻子面面相覷。雖然我們還是新婚小家庭，但想來在母親眼裡，這個廚房未免也太簡陋寒傖。被哥哥喝止後，母親便不再說話，走到四疊半的小客廳，手裡還拿著裝滿味噌醬菜的大碗。她將大碗放在火爐旁的小餐桌上，然後對我說：

我家有杵也有臼，所以用原始的方式搗大豆。

「我知道你喜歡陳年的味噌醬菜，所以帶來的都是已經醃了四年的。你看，這是辣椒和石豆腐，你吃吃看，都是你喜歡的。不過我帶來的那麼多味噌醬菜，不能就這樣放著。我看你們味噌好像都是用買的，暫時也不太可能自己做味噌吧！」

聽母親這樣說，我拜託她：「我想自己做味噌，請您教我。」從這時候起，我開始在東京接受母親的指導，學習做味噌了。

「住在都市的上班族怎麼可能做味噌。就連那些政府大官家裡的味噌都是用買的。」

哥哥邊說邊從廚房走過來，在母親身邊坐下。

「不是古代的非民眾才那樣嗎？現在的大官也那麼過日子的話一定很辛苦。都市的女孩子對這種事根本一竅不通。」

看來母親對現代社會的情勢根本不了解。

此外母親說都市女孩子對「這種事」一竅不通，其實依她講話的前後文內容，她應該要說對「那種事」一竅不通，然而她卻說「這種事」，很明顯地是因為聯想到眼前我家的狀況。母親才在廚房口瞄了一眼，就發現從昨晚到今天早上我家的味噌罐都是空的。

「大家都很努力地過日子。雖然這樣女孩子很可憐，但也沒辦法，只能讓她忍一忍了。」

母親這話是說給我聽的。意思是做老公的不爭氣，

大豆麴出麴。成果非常好。

沒有能力提供做味噌的環境，所以只能讓老婆忍耐了。

而且母親的表情真的很黯然，讓我尷尬得手足無措，只能抓點桌上的醬菜吃。我放了一塊醃成深褐色的柚子進嘴裡，一瞬間，孩提時代的回憶湧上心頭。這是筆墨無法形容的鄉愁之味啊！

要是配飯吃更是絕佳好滋味。此外吃一口醃柚子再喝一口茶，那麼茶的味道會更加高雅。

「真好吃！謝謝媽！」

我對母親表達感謝之意。哥哥聽了說：

「如果你想在這個家做味噌也不是不可能啦！像這個榻榻米房間用來裝飾的角落外牆如果加蓋個屋簷，就能當成味噌倉庫用了，放十桶四斗大的木桶都沒問題。不過新聞記者那麼忙，你根本不可能有時間做味噌。」

時間？對喔，我沒時間。可是時間就是要自己找出來，只要懂得善用時間，就不怕沒時間。

「你又不知道怎麼做味噌。」妻子在旁邊笑著說。

妻子不知道我出生長大的環境，以為我和其他男性一樣，看不起我呢！

「我怎麼會不知道。我可是連手指都切斷，刻骨銘心地記住了味噌的重要啊！」

哥哥聽了看著我的右手笑，而妻子因為不明白我在說什麼，只能困惑地望著母親。我將右手掌打開又握起來給她看，妻子這才發現我右手握拳時中指有一點凸出。

「你的手指現在完全沒事了吧？」母親問我。她想起我小時受傷的事，直盯著我的手看。

「天皇葬禮的那晚我在寒風中站了一整晚，結果中指有點不聽使喚。那晚把手從上衣口袋拿出來要拿筆寫稿時，中指需要花一點時間才能伸直。除此之外就沒什麼問題了。」

我將幾乎完全恢復正常的中指給母親看。大正天皇的葬禮那晚真的是寒風刺骨。

「你切斷手指那次原本讓我打算不要再煮味噌了，可是後來想想，就算你被大卸八塊，這味噌還是不能不做。所以每到做味噌的季節，我就向神明祈禱，保佑你的傷口不再疼痛。還好你受的不是什麼重傷，就算會痛你也只能忍一忍。畢竟是你自己不小心，相信你也學到教訓了。」

母親邊說邊執起我的右手，一下摸摸我的中指，一下捏捏我的無名指。

「當時手指的骨頭都斷了，傷口好大，居然還能癒合得這麼好！」母親又說。

父母的愛就是如此充滿慈悲，我不禁感動得熱淚盈眶了。

這也讓我下定決心要開始做味噌。

1 西元一九二六年。
2 日本舊時採用的面積單位，一疊約為一．六平方公尺。
3 日本舊時採用的面積單位，一坪約為三．三平方公尺。

味噌是有生命的

「你真的知道怎麼做嗎？」妻子不安地問我。

「知道是知道，但首先我們既沒臼也沒杵，也沒有煮大豆用的大鍋。還有要在哪裡製麴呢？難道要把房間的榻榻米都搬起來嗎？」我回答。

哥哥聽了忍不住笑出來。

「你們不過就夫妻兩個人再加個小嬰兒，你是打算做多少味噌啊？」

「哥，四斗容量的木桶一桶會太少嗎？」我問。

「四斗桶一桶差不多有二十二、三貫，你們夫婦倆應該吃不完。」

「那我先試做一桶二斗桶的量好了。」

「嗯，這樣夠你們夫妻吃一年了。不過雖然你從小看我做味噌，但那時你畢竟還是個孩子，所以還是要慢慢嘗試才能抓住最正確的味道。

「你用我們家的祖傳方式做味噌，可以先用五升大豆做做看。」母親說。

「這麼少的量就不需要用到杵和臼了。用煮飯鍋煮大豆，一次煮一升，煮好直接用攪拌棒在鍋裡將大豆搗爛，加了鹽巴後放進木桶裡。這樣重複五次，大豆的部分就完成了。

「再去買二十片麴回來，和大豆攪拌在一起就好了。麴加得越多味噌就越早完成。五升大豆裡加二十片麴算多的了，所以如果你這個月（二月底）開始釀製的話，過了梅雨季就可以吃了。雖然吃剛釀好的味噌會被母親罵，不過總是比東京賣的味噌好吃。」哥哥說。

聽了哥哥的話，妻子沉默了一會兒問：

「哥，東京的味噌真的那麼難吃嗎？」

「根本就不能吃。今天早上我還和母親去附近的乾貨店，那裡不是賣很多魚乾、醬菜和醃魚嗎？好多東京人跑去那家店裡買五錢、十錢的味噌，我和母親在一旁看了都替他們感到羞愧。他們都不覺得不好意思嗎？在我們那裡，只有鶚之谷的乞丐才會去買一小袋的味噌。」

鶚之谷是我的故鄉，竹田市竹田町的地名。因為那裡總是有乞丐在徘徊，所以有「鶚之谷的乞丐」這樣的說法。

「後來我想吃吃看他們買的味噌究竟是什麼味道，所以給了老闆二錢，請他讓我嘗嘗店裡擺的兩種味噌。我和母親都各嘗了一口，結果母親在回來的路上跟我說：

「『那個味噌應該是給牛馬吃的飼料吧。看來東京這個地方是商人比較聰明。那些顧客看起來精明，實際上受的待遇卻和牛馬差不多，把牛馬的飼料買回家有什麼用。

「『不過我們今天早上吃的是信州味噌，信州有個有名的善光寺，所以那裡的善男信女應該不可能那麼壞，把東京人當牛馬對待。那孩子（指我）從小就離家，所以已經忘記我們家祖傳味噌的味道了。如果他還記得，就絕對不可能吃得下去那種像加了水稀釋過的牛馬飼料味噌。他一定是忘記了。

「『他來東京之後從來沒要我們寄味噌給他吃就是最好的證明。唉，真可憐！』母親就這樣站在前面的空地上感嘆了好一陣子呢！」

哥哥現在已經完全把我當牛馬了。

妻子聽了擔憂地問：「我原本打算去附近酒店買味噌把你們帶來的味噌醬菜醃起來。聽你們這麼說，東京買的味噌應該不能用吧？」

「萬萬不可！我們的醬菜絕對不能放進那種味噌裡醃。味噌醬菜這種東西只要換過桶子，味道就會差一截。味噌是活的，在這個桶子裡成長的味噌換到另一個桶子裡，就不再服貼於容器，不但味道變差，如果處理不當甚至會扼殺味噌的生命。

「所以不要隨便多動什麼手腳。將味噌醬菜塞滿整個桶子，蓋上蓋子，再壓一塊石頭在上面，就是最理想的處理方式。我們帶來的醬

開始釀造前先依據材料的分量來秤應添加的鹽巴分量，然後正式開始釀製。

菜上沾著大量的味噌，所以可以保存一段時間沒有問題。」

「我現在才知道原來味噌也是有生命的。」妻子點頭說道。

「東京長大的人都不知道，你們怎麼會想到味噌是活的呢！」我說。

我不是瞧不起妻子，只是在說一般東京女性都是如此。

「味噌是很不可思議的。雖然只是將大豆煮過後搗爛，加入鹽巴，再拌入麴這幾個步驟，但放兩年會比放一年長得更好；放三年又比放兩年長得好，經過四年、五年還會繼續成長，就跟人一樣。

「就像有些人到了某個年齡就不長智慧了，味噌也是，如果條件環境不好就會停止成長而腐爛，這就證明了它是有生命的。而且不管過多少年，麴都可以持續長得這麼旺，這也表示味噌是活的。

「麴這種東西只要將它靜置，它就會開花。這種麴花既能變化成酒，亦能變化成醋，還能變化成甜酒。將味噌桶的蓋子打開仔細看你就會明白，美味的味噌看起來是會發出亮晶晶的閃光的。然而店裡賣的味噌都失去光澤，已經沒有生命了。那種亮晶晶的閃光就是味噌的精髓所在。

「都市人在煮味噌湯時總是讓湯滾好久，其實這樣叫做殺味噌，等於把味噌的美味都扼殺了。煮味噌湯講究的是『滾一次』，也就是只要一沸騰，就可以熄火了。

「如此一來味噌的美味不會被破壞，湯喝起來才鮮美。已經冷掉的味噌如果再加熱就不好喝了，因為只是把死掉的味噌再煮一次罷了。

「加在味噌湯裡的料如果是比較硬的，例如地瓜或蘿蔔，要先與魚乾等湯頭一起熬煮，最後再加入味噌。沸騰之後熄火再撒入鴨兒芹或蔥末，這樣是最理想的做法。

「有些人會先將湯盛入碗裡再加蔥末或鴨兒芹，但

醃在米麴味噌中的三角家傳味噌醃雞蛋。這是已經醃了八年的蛋，醃得越久蛋就越硬。讓蛋白蛋黃凝固的方法則是三角家的獨家祕方。

這種加味的綠葉應該要加在鍋子裡。如果是像山椒葉這種增加香味的綠葉是可以直接撒在碗裡，但其他的綠葉撒在碗裡會有一股煙灰臭。

「一煮沸就熄火的味噌湯因為味噌尚未完全被破壞，還保留了三、四成的生命，所以喝起來很鮮美。而煮過頭的味噌湯裡因為沒有活躍的味噌菌，所以喝起來難以下嚥。或許妳聽了覺得不可思議，但對我們來說是理所當然的。」

聽母親說了這麼多，讓我更堅定做味噌的決心。而且如果我自己做味噌，母親也會比較放心。不讓母親擔心應該是我能對她盡的最大孝道了。

我現在任職朝日新聞的記者，其實是暫時中止出家，先還俗了。但我並非真正還俗，只是因為原本待的大分縣山裡的寺廟中，那些土和尚在念漢語經時只會照本宣科，根本無法向我解釋佛祖真正的聖意。

生火。火熄後以炭火調整強度。

因此我才特地來到東京，進入報社，希望能夠認識德行高尚、知識淵博之人可以為師。

我這麼做是獲得母親首肯的，只有妻子不知道這件事，她是一直到快死的時候才知情的。

不過在妻子去世的前一年，我創建了亡母願力院，舉行了母念寺的開工儀式。妻子對於能親眼看到我身披法衣感到非常欣慰，含笑而亡。

能夠在妻子撒手人寰前完成這項事業，我也甚是歡喜。

夫婦攜手做味噌

我買了一升大豆回家，然後將紙箱拆掉一邊當作篩選大豆用的篩子。這一升大豆泡了一個晚上的水之後，膨脹了一倍。

「原來大豆是會膨脹的。」我看了說。

「越好的大豆膨脹得越大，一升可以變成二升又三、四合呢！」母親告訴我。

在煮之前，我先將泡水膨脹的大豆用水洗了一下，結果大豆皮都脫落了。

「這些大豆皮好可惜！」我嘆道。

母親聽到又教我：「你可以將大豆泡在水裡，然後把浮在水面上的大豆皮撈出來，也可以和大豆一起煮。不加皮煮，做出來的味噌顏色比較白，加了皮煮的則會帶一點黃色。不過反正味道都一樣，還是不要浪費，連皮一起煮吧！」

不過還有煮大豆用的大鍋子的問題。像我們這樣新婚的小家庭，只有煮一升飯用的鋁鍋而已。

我跑去問妻子，她說我們家一個月吃不到一斗米，可見我們吃得多少。所以一升的飯鍋都嫌太

大。

可是就算一升飯鍋已經太大，仍然是不可能煮得下膨脹成二升的大豆。好吧！我就發狠買了附鍋蓋的三升大鍋回來。

當時位在東京郊外的板橋町既沒有自來水也沒有瓦斯，所以我在庭院裡挖了一個土灶。

搗完大豆後就加入麴再繼續搗。

煮大豆的味道是一種風雅的香味。從早上開始煮，煮到傍晚完成。之後將大豆放進缽裡搗爛，再加入六合的鹽。這樣的量就是六合鹽。

母親告訴我，所謂的幾合鹽是針對一升生大豆所加入的鹽巴量，而不是泡水膨脹後的一升大豆。

此外，母親還告訴我可以依據個人喜好和目的添加四合到八合鹽，但如果想早點食用，鹽巴就放少一點；若想存放三四年，鹽巴就要多加一些。

還有，若想做出美味的味噌，則至少要放七合鹽才行。

水性楊花女

就這樣，我煮完了第一批的大豆，不過這樣的量只能算是扮家家酒。因此接下來我又煮了第二批、第三批，總共花了五天煮完了。結果原本五升的大豆變成了一斗以上，真有趣。我加了三升五合的鹽進入，然後全部放進二斗的大缸中釀製。

接下來是麴。雖然母親很詳細地教我麴的做法，但我發現與其自己做，麴還是直接買回來比較方便。因此有一天我下班後特地繞路到神田明神前的麴店去買麴。

「哇，你這麼年輕要自己做味噌，真讓人佩服。不過在東京，小麥麴或大麥麴必須要先預訂才有，目前店裡只有米麴。」結果店裡的人這麼跟我說。

回去後我問母親，她告訴我：「如果用米麴醃的話味噌會變得甜膩，吃了會有些反胃。都市人總以為米做的東西就是好，不過你也可以用米麴試做看看啦！」

哥哥原本在院子邊用木工尺、鋸子和刨刀製作放雛人偶的台子。他聽到母親的話便說：「用米麴釀出來的味噌是水性楊花女的味道啦。」說完伸長了腰將刨刀一推，在木頭表面上刷了一

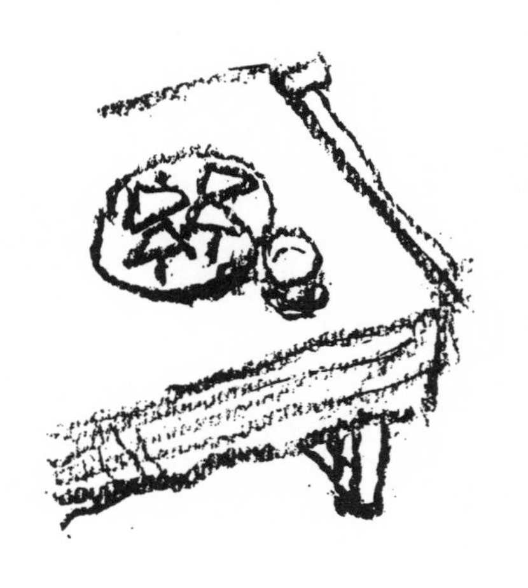

下。

「釀味噌用的麴還是一定得用大麥或裸麥麴，再來是小麥，最後才是米麴。而醃味噌醬菜最好是用小麥麴。我最喜歡吃小麥味噌了。」他又補了一句。

準備釀製前，要先準確測量大豆與麴的分量後，才能將它們混合在一起。

水性楊花女的意思是生性淫蕩的女性。

「大麥或裸麥的麴醃出來的是特別的上等味噌，而小麥麴的味噌則是像端莊賢淑的鄉下女子。」哥哥似乎很喜歡用女性來形容味噌。

「這也不能一概而論啊！出麴的狀況也會影響味噌的味道。不過味噌麴還是用大麥最好，與鹽巴的味道也最合，又能紓解胸口鬱悶。說來還是大麥麴最好，不過東京不可能有這種好東西。」母親說。

雖然母親的說法很專業，但會說出「東京不可能有大麥這種好東西」這種話，看來她嘗過店裡賣的味噌後已經完全瞧不起東京人了。聽了母親和哥哥這樣說，我下定決心一定要做大麥味噌，於是當下又跑去神田。當時已經是晚上七點了，我到了明神前的麴店，告訴老闆我要買大麥麴。

結果老闆卻苦著臉跟我說：「你只要二十片的話我們不賣喔！」

畢竟我需要的只是七升大麥所需要的麴，也難怪他不肯賣。如果我買個一斗左右或許他還會賣，但我要買的量實在太少了。平常買大麥麴的客人很少，所以一定要有顧客預訂店家才會釀製，而要店家為了我這一點點量而特地釀製，他當然不願意。

「那我就買水性楊花女吧！」

「啊？」老闆睜大了眼睛問我。

「不是，我是說那我就買米麴。」

我不情願地買了二十片米麴回家。秤秤重量總共是將近二貫，有八升左右的分量。

我將麴與鹽混合後加入大豆中，用手加以攪拌，最後將表面撫平後一看，二斗的木桶幾乎都快裝滿了。

我這次釀製的分量總共是八貫又將近二十匁。不過因為我又在上面蓋了約三十匁的大片昆布，所以總重量突破八貫。好不容易完成釀製的前置作業，我在大昆布上蓋上蓋子，再壓了塊石頭，然後用大袋子整個罩起來，周圍用粗繩子緊緊綁住。

「怎麼樣？雖然我只是一個區區月薪八十五圓的小上班族，但好歹也是《朝日新聞》的記者，現在還能自己釀味噌了呢！」

雖然我沒有這麼向人炫耀，可是內心的確有一種充實幸福的感覺。

由於母親之前說等梅雨季過後就可以嘗嘗看，所以一等梅雨季結束，我就迫不及待地打開來嘗了一口。哎呀，其美味簡直不輸老家的祖傳味噌啊！

於是我立刻寫信向母親報告，並且告訴她我以後每年都會釀味噌，所以請她寄大麥麴給我。母親的回信很快就來了。

味噌的量一大，麴棚的占地也會越來越大。

「你現在吃太早了，最好到元旦之前都不要吃。如果你覺得很好吃而吃太多，那麼到除夕時應該只剩一半了吧。現在你的味噌正在熟成，你趕快再將袋子罩起來放在那裡不要動它。除夕那天晚上再拿出一些好過年吃。」

哥哥也一起寫了一封信給我：

「你要臼、杵或蒸籠我都可以寄給你。你還可以做做看拿來醃味噌用的石豆腐[1]。過年時要記得搗年糕，我可以寄石臼、做豆腐用的箱子給你。不要忘記做做看好吃的味噌醃醬菜哦！」

這就是我開始做「手前味噌」的故事。不過我當初真的沒想到後來會發展成自家還有味噌倉庫的規模。

今年我們家也已經釀製了小麥味噌二十四貫六百十匁（五斗缸）、大麥味噌三十二貫五十五匁（六斗缸），總共是五十六貫六百六十五匁。現在剛好是製茶的季節，所以我打算製三十貫的茶，之後再繼續釀製八十貫的味噌。

去年由於雜務繁多，我無法專心指揮家人做味噌。但即使這樣，我家還是釀製了一百四十五貫，總計六種系統、一百多種的味噌。

母親原本滿頭黑髮　為何
白眉成絲

金葉集[2]

1　一種硬豆腐。
2　日本古代的和歌集。

味噌兩百種

昨天晚上，《朝日新聞》「天聲人語」專欄的作者荒垣和「論說」專欄的作者伊藤昇一起來我家。伊藤逼問我：「荒垣說你家的味噌有兩百種，真的有那麼多嗎？我說只有幾十種。到底誰說的對？快給我招來！」

「假設味噌原本有八個系統，而一個系統可以變化出八種不同味噌，所以我家應該有八八六十四種左右吧。味噌醬菜的話我家倒是有兩百多種。」我回答。

「不，我是說光是味噌就有兩百種。」荒垣君插嘴。

搞不好現在伊藤和荒垣還在為了我家的味噌有幾種而爭論不休。

不過我家有些味噌已經很古老了。倉庫裡的味噌每年都在增加，如果我真的好好整理清點一下，或許是伊藤說的正確吧！

我為了做比較，因此家裡準備了尾三有名的麥味噌、岡崎的八丁味噌、名古屋味噌、飛驒味噌、信州味噌、越後味噌和仙台味噌等全國的名味噌。有些是我試做，有些則是我特別向當地訂購的。

還有一些特別的味噌，例如織部味噌、鐵火味噌、泥棒味噌、魚鳥味噌、阿蘭陀味噌、中國味噌、南蠻味噌等。

其他還有茄子味噌、香榧味噌、落花生味噌。香榧味噌裡面因為加了黑芝麻，老饕一定會覺得很新鮮。此外我還試做過昆布味噌。

除了上述的味噌外，喝酒時常見的下酒菜中還有嘗味噌，是吃溫室栽培的黃瓜時當沾醬用的，裡面含有顆粒。這種味噌單純只用小麥麴釀造，比較特別。不知道為什麼料理店常常上這道菜，但我從未吃過好吃的嘗味

鹽醃帶葉辣椒。到了帶葉辣椒的季節，我就會先將辣椒用鹽醃起來保存，要吃時先去鹽再放進味噌裡醃。

噌。越仔細品嘗反而越難吃。不但用來釀味噌的醬油不好、味醂難吃，整體的調味也很失敗。這種味噌應該要添加辣味才好吃，但他們多半都沒有加，就算加了也頂多只加一種。

應該要將西洋芥末和辣椒適當地混合後加一點醋，再加薑泥和蒜泥，然後倒進柴魚或昆布湯裡熬煮。將這個湯頭拿來釀味噌可以釀出絕妙好滋味（這可是我家的祖傳祕方）。

一家有名的麴店老闆曾經告訴我，嘗味噌雖然不會腐壞，但很快就會乾掉，這時必須將其再加熱重新攪拌才行。然而我家的嘗味噌已經放了七年，卻一點也不乾。因為都沒有人吃，所以就這樣放了好幾年。然而時間越久，色澤就越鮮艷，香氣也越來越重。

之前東京都味噌工業協會的專務理事伊藤信造先生在《週刊朝日》看到我寫的關於手前味噌的文章，因此來拜訪我。他品嘗了我家的嘗味噌後讚不絕口，並且不愧是專家，立刻從口袋裡拿出邊長一寸的正方形塑膠袋，取了一點嘗味噌放進去帶回家。

如上所述，味噌其實有數不清的種類，但我也並非每一種都吃過，只是為了比較研究而會試做看看罷了。根據長年的研究結果，我發現各地方知名的味噌可以說沒有一種是好吃的。味噌還是要「手前味噌」才好吃，因為這才是一種實在的藝術。

那些所謂地方名產的味噌只不過是商品，是徹底受到成本限制的商品，所以不能稱之為藝術。真正的藝術是必須包含著真心的。

有時我會看看《週刊朝日》上連載的「我家的味噌湯」專欄，然而文章裡每一家用的都是市面上賣的味噌，不同的只有加在湯裡的料罷了。說穿了，湯裡的料只要能吃，放什麼還不都一樣嗎？

不管是動物還是植物，只要能吃，就能放進湯裡當料。

在動物裡，又以野獸類最適合做味噌湯的料。我曾在故鄉豐後和鄰接的日向地區邊境的山裡吃過加了山豬頭的味噌湯。那裡的人們用開山刀將山豬頭劈開，連山豬牙一起放進鍋裡煮，當成味噌湯的料。與其說是味噌湯的料，還不如說是味噌煮山豬頭來得貼切。將味噌湯盛入碗中，然後左手拿著碗，再用右手的食指將山豬的眼珠挖出來吃後喝湯吃肉。我從未吃過那麼口感豐富又有咬勁的食物。

但即使是這樣的人間美味，如果用的味噌不好，味道就毀了。也就是說最重要的還是味噌、味噌、味噌。我在《週刊朝日》的「我家的味噌湯」上寫道，如果讓我來寫味噌湯，大概寫一千張稿紙都不夠吧！結果荒正人先生讀了我的文章後在《朝日新聞》上對我大大地讚賞。

不過我說的只是味噌湯，如果要談味噌，那麼光是談我家的味噌我就可以寫出不只一萬張稿紙啦！

味噌與日本人的關係就是這麼密不可分。那些文化界人士，不，應該說自以為文明的人總喜歡高談進化論。然而無論是過去的學者或現代人都忘了「食物」這個項目。味噌是人類進化的心臟、脊椎、血液，就因為這樣，我才說要寫關於「味噌」的文章，一萬張稿紙都不夠。

味噌醃雞蛋和母念豆腐都是我家的祖傳祕方。母念豆腐放置的時間越長，它就會變得越硬。將豆腐醃在與大豆主要成分相同的味噌中，原本是應該起同化作用而變軟才對，母念豆腐反而是變硬，這一點就是我家不外傳的祕方了。

手前味噌的標準

最後我想將我手前味噌的標準數據列出來。味噌的做法基本上就如同我第一次做味噌時母親教我的方法。而我在此將去年釀製的「母念」第三號之㈠米味噌的詳細數據列出來。這種味噌在釀造過程中使用了蒸籠，是與其他味噌不同之處。

昭和三十年[1]七月二十一日釀製。

母念第三號之㈠（米味噌）

(1)生大豆一斗五升，五貫又一百五十匁。泡水後膨脹為三斗二升，十三貫三百匁。

(2)米麴六十片，二斗三升二合，五貫八百五十匁。

(3)鹽一斗五合（以生大豆一升：鹽七合的比例計算），四貫二百匁。

以上。也就是味噌總量合計為二十三貫七百七十匁。

七月十八日將大豆從水中撈出，用篩子將水分瀝乾。早上十一點將大鍋下的火點燃。所有味噌中僅此第三號之㈠號味噌不用水煮，而以蒸籠蒸。要連同脫落的大豆皮一起蒸。二十日晚間八點，最後的第四批大豆也蒸熟。每蒸好一批大豆就放進臼中搗至粉狀，再加入鹽巴後放入四斗大木桶中。（讀者可以不要用蒸籠，而放進大鍋中用水煮。）

二十一日早上十點，加入六十片米麴，蓋上大片煮軟的昆布。在木桶桶身塗上鹽巴後蓋上蓋子，上面壓一塊石頭，再用塑膠布密封起來後儲藏。

接下來「母念」第三號之㈡號至㈥號的味噌豆就不以蒸籠蒸，而全部用水煮了。麴和鹽的分量都各有不同。

第三號之㈡號為六合鹽，並將三貫昆布煮爛後拌入大豆中。而㈢號也是六合鹽，然後拌入辣味粉及柴魚粉釀製。㈣號為五合鹽，㈤、㈥號則是四合鹽。

由此可見，每一種味噌的分量和釀製過程都有些許不同。鹽分越少的味噌越早可以食用。其中也有味噌是要將大豆皮全部取出後製成白味噌。

和味噌一樣，味噌醬菜也有一到八號，我都用三斗甕或三斗木桶來醃製。去年我完全沒有用麥麴，使用的全是米麴。

今年我全部用小麥與大麥來釀製。而從去年到今年春天，我已經先將要醃的蔬菜用鹽醃了八個大木桶了。這些鹽巴醃的蔬菜直接吃也很好吃，但我會先將鹽分去掉之後再放入味噌裡醃，這樣更能吃出味噌的美味。

在古代，人們一直認為米味噌是高級味噌，麥味噌則為廉價味噌，即使到了現代，還有人對此深信不疑，然而這是一大誤解。沒有經過精白加工的麥子的確不宜使用，但將精白過的麥子製成麴後不但含有大量麴菌，營養成分也遠遠高於米味噌。

也因為如此，我家的「母念味噌」將大麥編為第一號，小麥為第二號，米則是第三號。吉田內閣[2]的池田勇人大藏大臣因為說了句「窮人沒飯吃就吃麥」而被迫下臺，那是因為他無知沒智慧，不懂麥的好處，才會犯這樣的錯誤。如果知道麥是這麼好的東西，他應該會改口說：「越是有錢人就越要多吃麥少吃米，麥子才能為人帶來生命力。」

認為米才是高級品，其實是一種很可悲又虛榮的謬誤，做學問的人應該拋去這種愚蠢的成見才對。池田也是東京大學畢業的所謂菁英分子，才會說出那種蠢話，到最後還死於癌症。連吃米飯會得癌症這點常識都不知道的「菁英」，真可以做笨蛋的最佳代表了。

我在這裡詳述了我的「手前味噌」。如果讀過後能夠激發讀者「我也來試做看看！」的意欲，是我所樂見的。但如果有味噌商人認為我教大家自己做味噌是擋了他們的財路，那就太令人扼腕了。

我就是因為希望味噌能夠越賣越好，才特意公開我的手前味噌，以期拋磚引玉，為味噌做宣傳啊！

這個社會上有數不清的上班族，而我就要對這些龐大的上班族說：「各位不用勉強去做味噌。只要去味噌店購買適量的好吃味噌回來，常喝味噌湯以保健養身即可。」

相信日後還有機會為各位詳述味噌。後會有期。

（邊追憶亡母邊下筆於昭和三十一年[3]五月）

母親是多麼地疼惜

在三歲前　無法自己站立的孩子

古今集[4]

1　西元一九五五年。

2　吉田茂於西元一九四九～一九五〇年擔任總理大臣時的內閣。

3　西元一九五六年。

4　日本古代的和歌集。

課外篇　醬菜講義

〈醬菜講義〉

ぬかづけ

糟糠醃

我真的很痛恨限制使用漢字的政策[1]，「醬菜」、「醃糟糠」、「甕」、「瓶」、「壺」這些字都必須用日文的假名寫，然而光用假名根本表達不出實際的感覺。漢字的每個字都有深刻的涵義，往往看字便能知其形或其義，然而用假名寫就必須再加以說明，文章也變得冗長。再繼續下去，人們將連日本古代的文章都看不懂，日本的歷史就消失了。

甕與蓋

這裡的甕指的不是動物的龜[2]，而是指以陶土所燒製而成的儲藏用容器。和木桶比起來甕不但不容易髒，清洗起來也比較方便，再加上醃醬菜不需要在蓋子上壓石頭，所以是最適合的容器。不過如果是用燒得不好的甕來裝醬菜，那麼醬菜的鹽味和汁水會滲進去，所以一定要挑好一點的甕。尤其是梅子醋和味噌特別容易滲漏，選容器時不可不慎。

「糟糠醃」最好用甕來裝。木桶也不是不行，只是比較容易孳生細菌，所以還是甕比較方便（請參閱拙作《醬菜大學》）。

問題是蓋子。讀者或許認為用甕原本的蓋子就可以了，但糟糠醃必須每天把蓋子開開關關，這樣非常不方便又容易壞。所以建議讀者買沒有蓋子的甕回來，然後找約一寸厚的木板做一個蓋子就好了。蓋子與甕接合之處必須在蓋子上刻出一道溝槽，讓蓋子與甕可以密合，這樣就不用擔心飛蛾或蒼蠅飛進去了。

如果甕很大，那麼要找一片夠大的木板也不容易。

這時可以將兩片木板合起來。接合處要用「雇實法」接起來，避免分開。所謂「雇實法」是在兩片木板中各切割一條溝，再將另一條細木板崁入溝中，讓兩片木板連接起來。不然就是用「實接法」，也就是一片木板切割出一片突起，另一片木板則挖一條溝槽，然後將突起的部分崁入溝槽中讓兩片木板接合，這就是「實接法」。

乾燥的糟糠醃

我家的「糟糠醃」都是用二斗甕，分量比較多。畢竟我家每天有將近三十個人要吃飯，所以二斗甕的分量是最適當的。甕上的蓋子當然也很大，是一寸厚的檜木，表面用發酵的澀柿子果汁塗過以防水、防腐。由於找不到那麼大的木板，因此我是將兩片木板用雇實法接起來的。

最近很多人來我家表示希望參觀我的醬菜。他們將糟糠醃蓋子打開之後，都對我家的糟糠醃看起來那麼乾爽表示不可思議，並且完全聞不到醋酸味或糟糠味噌的臭味，讓人驚奇。

今天早上京都的井筒法衣店一位叫福井的人來我家。他看了我家的糟糠醃後跟我說：「我太太總是說手放進糟糠味噌裡就會臭一整天，所以她都不肯做糟糠醃。」

我笑著說：「糟糠味噌當然會臭，但我家的是『糟糠醬菜』，所以是有香味的。而您家的是『糟糠味噌』，當然會爛爛黏黏的，而且會發出和收水肥的人來回收時一樣的味道對嗎？」

「是的！」

他說的根本不是糟糠醃，而是俗稱的「臭水溝醃」。之所以會在手上留下惡臭，是因為裡面含有大量的乳酸菌和細菌，和肥料沒什麼兩樣的緣故。

「究竟要怎麼做才會發出這種香味呢？」

這是每個人都會問我的問題。我在回答之前會先拿出醃在裡面的黃瓜或茄子、高麗菜讓他們試吃。我醃過的黃瓜顏色比新鮮時還要鮮豔，而醃茄子大家都說要保持它的顏色很難，但我的茄子顏色完全沒變。

而味道除了鹹味之外，我還加了一些提味的東西，光靠舌頭和鼻子恐怕很難分辨出來。接下來我要公開我的祕方。

炒糟糠的方法

「糟糠」這兩個字是米字邊，所以自然是米糠。我用的是純糟糠，裡面完全沒有摻雜糠粉。一升的糟糠裡加入二合的鹽、五勺的辣椒粉後攪拌均勻，再用大鍋煎（如果量不大用小鍋煎就可以）。

煎的方法是有訣竅的。用強火的話糟糠會燒焦，糟糠裡的油分很多，所以要利用這些油分，不要煎乾，用小火慢慢煎。在耐心翻炒的過程中，糟糠會漸漸變得乾乾脆脆，顏色也會變得深黃。

再繼續煎下去就會香味四溢，連家門外都聞得到。那是一種讓人想抓一把放進嘴裡、引人食慾的獨特香味。這時便可以熄火，將炭火也撈出來，然後將鍋蓋蓋上讓裡面自然冷卻。

用這種方法煎出來的糟糠如果不加辣椒粉的話，可以取一點裝入紗布袋裡，然後放進茶壺中，加入熱水，就能泡出美味的米茶。

將冷卻的煎糟糠放進甕中後，就立刻將蔬菜放進去醃。為了讓醬菜更好吃，還可以加入鯛魚骨粉、昆布片、海苔或茶葉。其中我特別建議讀者一定要放鯛魚骨粉。鯛魚吃完後魚骨不要丟，放在太陽下曬乾後保存起來，等累積到

這裡很清楚看得出來，我的糟糠醃完全不帶汁水。糟糠就是要這麼乾燥才行。

一定的量就放入小壺裡蒸烤，烤到魚骨變得脆脆的，再將其搗成粉即可。

我們家是用石臼將魚骨磨成粉，但目前我並沒有在糟糠裡放魚骨，因為這樣會太好吃，我就會吃太多。所以我改放昆布片或小魚乾頭、海苔、茶葉等。有人說可以放熬過湯的小魚乾，但熬過湯的小魚乾有害無益，所以我不建議放。

要放的話就要放還很有滋味的小魚乾頭。先在太陽下曬乾，再予以蒸烤後搗成粉，加入糟糠中，不但可以防止乳酸菌的產生，又富含鈣質，營養豐富。

還有人說放啤酒進去會更好吃，醃的時候倒好多啤酒進去，我也不贊成。啤酒加進去的頭兩三天還好，但接下來馬上就會產生乳酸菌，所以建議大家不要這麼做。

之前我在報紙上看到某女性教授建議大家可以在糟糠味噌中加入貝殼粉，這我也不認同。為了攝取鈣質而添加那種食之無味的東西，可說是本末倒置。只不過是將蔬菜放進去醃，貝殼的粉末是不可能被大量吸收的。真要攝取鈣質的話，添加小魚乾或鯛魚骨粉要來得有科學根據得多了，並且糟糠吃起來的味道也能明確證明這一點。

糟糠只要出了一點汁水，就要裝入布袋中將汁水擠出來，然後放在木板上曬乾，用陽光殺菌。之後再補一些糟糠進去，保持糟糠的乾爽。

1 日本於第二次世界大戰後的一九四六年起所實施的國語改革政策之一。
2 日文中的「甕」與「龜」同音。

〈醬菜講義〉

野菜のつけ込み方

醃蔬菜的方法

接下來就要將蔬菜放進前述的糠床裡醃了。一些婦女雜誌、廣播節目或流行的電視節目教大家先在蔬菜上塗一點鹽巴，然後再將蔬菜由尾端或頭部放進糟糠中。這根本是從根本就錯了。

不管是黃瓜或茄子，要放進糟糠前如果先用手塗上鹽巴，就會傷到蔬菜脆弱的表面，並從表面分泌出汁液，而這個汁液會讓糟糠變得黏稠，所以先塗鹽巴的做法是錯誤的。蔬菜的汁液一旦跑出來，不但會讓糟糠和提味料的鈣質無法為蔬菜所吸收，反而會因汁液而變質。所以千萬不可在蔬菜表面塗鹽巴。

為了避免這樣的狀況發生，在做糠床時一升的米糠要加入二合鹽巴。將要醃的蔬菜先用水清洗，然後用乾布將水分擦乾並加以風乾，讓表面完全乾燥。

此外為了讓蔬菜入味和吸收養分，比較小的蔬菜就切成兩半，大一點的蔬菜切成三到四塊。切開後立刻用乾布按在切口上，避免汁液分泌出來。將切開的蔬菜拿到太陽下曬乾或風乾，這樣可以讓汁液留在蔬菜內部。

等蔬菜表面的水分完全乾燥後，在糠床裡挖個洞，然後將蔬菜輕輕橫放進去，上面再蓋上一層糟糠即可。

這裡的重點是千萬不要用力將蔬菜壓進去，而要像扶著病人輕輕躺下一般。當然表面的糟糠記得要鋪平。

總之要把醬菜當成是有生命的，用溫柔的態度小心地加以呵護，讓它們舒服地躺在糟糠裡。這樣晚上六七點開始醃漬的醬菜（若是在夏天）到了第二天早餐時就已經非常入味了。

喜歡吃薄鹽的人可以算好食用時間，然後提早三十分鐘將醬菜取出，浸泡在加了一撮鹽的鹽水中。這樣就可以去掉大量的鹽分，吃到鮮脆的醬菜。

如果是盛夏，那麼早上醃的醬菜午飯時就可以吃，中午醃的醬菜晚餐時就可以吃，而且是江戶人喜歡的爽脆青菜味。

用我說的方法就絕不會產生之前那個人說的屎尿味。不僅如此，伸進去攪拌的手都會有一股香味，誘人食慾。洗手之後皮膚會光滑細嫩，將手擦乾後的肌膚會更有光澤。

俗語以「糟糠之妻」來形容妻子，老實說，女性如果手上有糟糠味噌那種屎尿般的臭味，那麼即使她再賢慧我也是敬謝不敏的。

原本醬菜被稱為「香之物」，據說是從足利尊氏[1]至第八代將軍慈照院義政執政的室町時代發展至最高峰（起源時期為更早之前）。而古書中有記載，由於義政的曾孫萬松院義晴將軍對醬菜之美味大為讚賞，故在將軍來

蔬菜可以發揮出各種藝術，各人可隨意發揮創意從中學習經驗。

訪時主人所準備的膳食中會有「開水泡飯」，然後以「香之物」為主菜招待將軍。

當時宮中宮女所使用的辭彙中，稱醬菜為「香之物」或「香香」，後來一直流傳至豐臣秀吉時代，所以文祿四年[2]將軍拜訪他時，他也準備了「開水泡飯和香之物」。所以醬菜歷經了從室町至桃山時代[3]的最盛期，直至今日，「香之物」和「香香」等詞仍為世人所沿用。

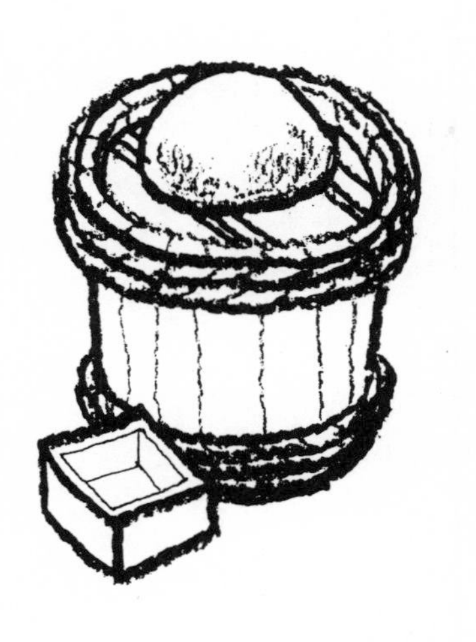

所以醬菜就算不至香氣四溢，也至少要聞起來能引發人的食慾，並且手放進去不會有屎尿味，才能算真正的「香之物」，真正的醬菜。

再加上在古代，香之物多半被拿來當成品茶時的點心，所以是具有雅趣的，就如同日本的線香一般，高雅又充滿奧妙。

在這裡我順便公開另一個祕方，讓糟糠醃不會變成臭氣薰天的臭水溝醃或糟糠味噌。這個方法就是㈠將糠床拿到土用期間[4]的強烈陽光下曝曬，一年就曬這麼一次。㈡在糟糠中加入少量的紫蘇粉。紫蘇的主要成分含有相當於福馬林的兩千倍的防腐力。之所以要在土用期間曬太陽，是為了殺菌。將糟糠曬得乾乾的之後用篩子篩過，再放回甕裡。

前幾天我受青山君、高瀨通君二人招待去看秋季的大相撲。回程至福田家，他們招待我們夫妻吃晚餐。原本我搞不清楚他們為什麼要招待我，吃完晚餐後高瀨夫人告訴我：「其實是為了謝謝你教我做糟糠味噌。」我聽了嚇一跳，我根本不記得自己曾經教過她。

高瀨夫人按照我所教的，將糟糠醃的糠床於土用期間拿出去曬。據說當天惡臭四溢，她們家女傭聞得頭都痛了起來。但整個過程結束後惡臭就消失，完成的糟糠醃也非常好吃，因此高瀨夫人很高興。年輕人通常很樂於受教，但像夫人都已經抱孫子了，還願意打破以往的

醃菜葉與壓石、蓋子的範例。

舊習按照我說的方法去做，我和妻子聽了也很開心。

這裡我還要聲明一點，許多人的觀念是糟糠醃用的糟糠是越陳年越好，但這是不對的。越新的糟糠營養價值越豐富。

不過因為新的糟糠醃起來不容易入味，所以最好吃掉一些就添加一些新的進去，這樣的過程可以反覆十年二十年都沒問題。經過三年之後原來的糟糠就會完全被新的糟糠所取代，所以不要忘記時常補充新的調味料進去。用來添加的新糟糠做法也是一樣。

現在我要公開紫蘇粉的做法。我曾經將生紫蘇曬乾後再磨成粉，但這個方法失敗了。

所以我改將紫蘇葉和肉放進鹽裡醃，然後直接放在土用的太陽下曬，最後再用石臼磨成粉。這樣做出來的紫蘇粉不但能當成調味料用在任何料理中，撒在飯上吃也很美味。不過這個做法有個缺點，就是粉末的顏色會很黑。

後來我試著把紫蘇醃在梅子醬裡再磨成粉，這樣顏色就是完美的鮮艷紫紅色了。但由於梅子醋的味道強烈，所以這種方法做出來的紫蘇粉不太能當調味料。若是要當防腐劑的話，以上兩種做法都值得推薦。

能在糟糠醃裡加入這樣的祕方，可是高難度的技巧啊！

希望掌管一家生活的各位太太們務必銘記於心。

1 室町幕府第一代的征夷大將軍，在位期間為西元一三三八～一三五八年。

2 西元一五九五年。

3 西元一三八一～一六一四年。

4 至立秋之日的前十八天。

〈醬菜講義〉

ラッキョウづけ

醃蕗蕎

接下來我要介紹的醃蕗蕎既可以用甕也可以用瓶子醃。醃蕗蕎以能夠維持生蕗蕎的硬度為最佳醃漬方式。

玳瑁醃蕗蕎

市面上賣的或大部分人自己醃的蕗蕎多半都軟綿綿的，吃起來有點噁心。這是因為他們先將蕗蕎用鹽醃過，又用石頭壓著，所以蕗蕎都被壓爛而變軟了。

我暫且不提是哪本婦女雜誌教人這麼醃法。上面寫著先用鹽醃，上面壓一塊多少公克的石頭……，寫得有模有樣，彷彿很有科學根據一般。其實完全不科學，只是拾人牙慧又沒自信的說明罷了。

還有一個廣播節目裡也是這麼介紹。但用這種方法醃漬，蕗蕎會產生化學作用，原本含有的 FIACTAN 這種能感動動物神經的主成分會流失於鹽分中而變質。如果用來醃漬的鹽水有留下來繼續使用也就罷了，但他們介紹的方法是將蕗蕎從鹽水中撈起後就放進砂糖醋裡醃，等於是叫人把最重要的主要成分丟掉。

就算將這種化學問題丟給專家不談，但俗語說蕗蕎這種東西要「洗得很乾淨，然後丟進醋裡就把它忘了」。可見蕗蕎是多麼不經壓。

所以蕗蕎必須⑴洗得很乾淨，將水分瀝乾，再用乾布一個一個擦拭後放進白醋中醃著。

這時不需要像家政老師一樣規定幾公斤蕗蕎對幾公克的醋，只要蕗蕎全部泡在醋裡就可以了。也就是根據蕗蕎的量調整醋的分量，能夠將蕗蕎全部浸泡住就好。

⑵接著是容器。用甕或瓶子都可以，不過透明的瓶子不太適合，因為蕗蕎不能直接照射到日光。可以將瓶子放在陰暗處，或是用紅紙將瓶子包住以防日光直接照射，否則蕗蕎會變軟。最近有些琺瑯的容器，不過要注意，只要琺瑯有一點裂痕，醋會讓裂痕越來越大。所以買的時候一定要注意，否則即使原本的裂痕只有針孔那麼大，到最後也會全毀。也因此還是用甕最保險，不過甕在製作時是疊在一起燒，所以也必須注意底部有沒有重疊時弄破的裂縫而沒有上到釉，否則醋或砂糖、鹽分會從裂縫滲漏出來。

說到底，玻璃瓶應該是最適合的容器。不過就像我剛才說的，要避免使用透明的瓶子。我家用的是藥品和化學用的高級瓶子，有三升和五升兩種。如果是不具遮光效果的透明瓶子，我就放在曬不到陽光的櫃子裡，瓶子外圍的上下都用繩子綑綁住。

由於一排就有幾十瓶，有時會因為碰撞而破損，因此我才將瓶身上下用繩子綁起來以防碰撞。

醃蕗蕎時先在瓶子裡放一點醋，然後將水洗乾淨的蕗蕎用布擦乾後直接放入瓶中（也可以先將蕗蕎放在篩子上，然後澆熱的鹽水。不過因為接下來就立刻放入醋中，所以硬度上並沒有什麼差別）。

蕗蕎放進醋中之後會膨脹，因此醋會不夠。這時就再添加醋進去，只要能蓋過蕗蕎即可。就這樣把蕗蕎丟在醋裡一個星期，蕗蕎就會變得又硬又脆。

我家有好幾瓶忘了調味就這樣放了四年的醋醃蕗蕎。蓋子一打開就會散發出一股田裡剛挖出來的那種強烈的蕗蕎味道，而其硬度則比生蕗蕎還要硬。

醃在醋裡至少一週以上到一個月後，每一顆蕗蕎的美味都被包藏在裡面了。然後挑一個吉日，在醋裡加上其他味道。

這個二斗木桶裡裝的是鹽醃辣椒，我將它們去鹽後放進味噌裡醃。要時常注意蓋子和壓石的狀況。

(3)準備一個缽，上面放個篩子，然後將泡過醋硬化的蕗蕎撈出，利用篩子瀝掉上面的醋。瀝下來的醋很寶貴，一定要小心保存，和瓶子裡的醋一起倒進鍋子裡，然後在醋裡加入冰糖，白砂糖亦可。

(4)如果想醃成「黑鑽石蕗蕎」的話就在醋裡加黑砂糖。讓砂糖在醋裡完全溶化後用手指沾一點嘗嘗味道。這裡也沒有規定多少醋必須加幾公克的砂糖，完全依照個人喜好隨意添加。喜歡吃甜一點的人就多放一點，反之亦然。

(5)下一個步驟是加鹽巴。醃蕗蕎是要到這裡才會用到鹽，這也是和其他醬菜不同之處。至於應放多少鹽則會依據砂糖的分量而有所不同。

由於砂糖和鹽的味道很合，所以加了鹽巴後甜味也會加重。因此加的鹽必須要讓舌頭嘗了感覺鹹味稍微強過甜味才算適中。加鹽巴時一次加一點點，一邊用舌頭嘗味道一邊調整分量。

每個人都有自己覺得剛剛好的味道，所以不用管別人的感覺，自己覺得好吃就行了。將用來讓蕗蕎變硬變脆的醋、砂糖、鹽這三種調味料混合完成後，接下來要予以煮沸。

⑹用任何鍋子都可以，只要裝得下就好。不過要注意現在很普遍的鋁鍋會被醋侵蝕，還是用傳統的鐵鍋最安心。

煮沸時必須煮至整個沸騰才可以。半途要加入辣椒粉，一開始就加也可以，不過太早加的話會太辣，所以最好是半途再加。將辣椒粉裝入大紗布袋裡再丟進去（如果要醃花蕗蕎，此時就不加辣椒）。

沸騰後醋就會發出刺鼻的香味，再滾一段時間後，原本那股衝鼻的香味就會漸漸緩和，轉變為和砂糖融合後的香味，這時就立刻熄火。

接著將裝辣椒粉的袋子撈出來，讓鍋裡的醋自然冷卻。各位可以將辣椒粉的袋子打開看看，會發現原本鮮紅的辣椒粉變成暗紅色了。顏色雖然變了，但是它的辣味更強了，所以千萬不要將這些辣

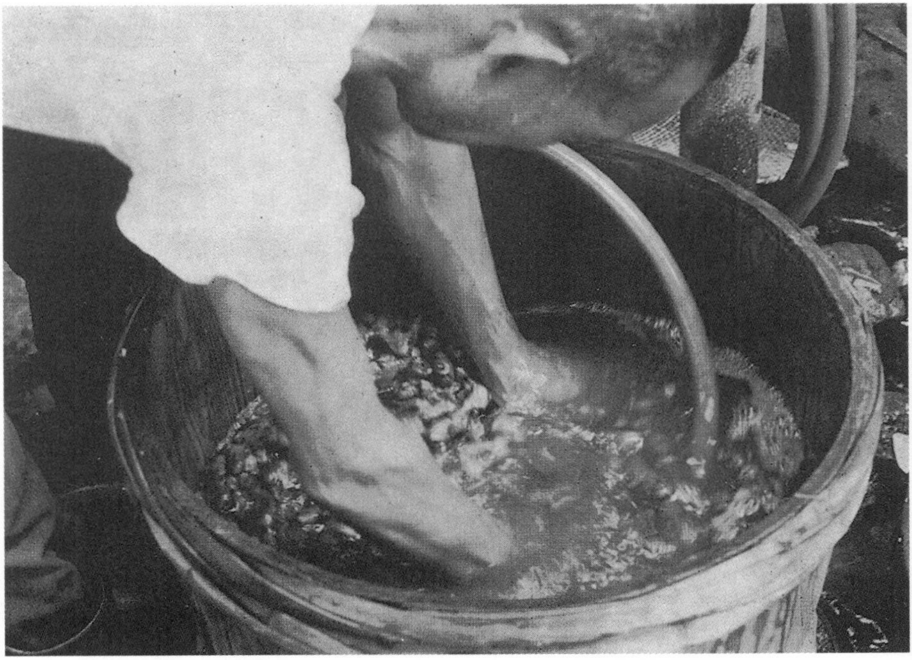

從青森縣寄來的田螺。將肉挖出來蒸熟後放進味噌裡醃。

椒粉丟掉。曬乾後保存起來，還可以用來醃其他醬菜，尤其加入之前介紹的糟糠醃裡是最合適不過了。

至於辣椒的量，像我這種可以將剛摘下來的辣椒直接放進嘴裡吃而完全不怕辣的人會加很多辣椒，但不太能吃辣的人就加一點點即可。關於這一點並沒有什麼規定限制，請讀者隨意。

待煮好的醋冷卻後倒入瓶中，然後將之前放在篩子裡的蕗蕎放進去醃漬。由於這些蕗蕎泡過醋已經很硬了，所以其實泡一下就可以吃。只是這樣味道不夠，不好吃，還是要等兩、三個月才能醃出好味道。

我總是將醃漬的蕗蕎放個一、二年不去管它，想起來的時候再從櫃子上拿下來，將裡面的蕗蕎「整形」一番。將蕗蕎的頭尾剪掉，整個形狀看起來就會很好看（但不用像我這樣放個一年不管它）。

這時還可以將裝了紅辣椒的布袋剪幾個口再丟進去，這樣蕗蕎上就會有一點一點的紅斑點，襯著白色蕗蕎看起來很漂亮（這就是俗稱的花蕗蕎）。不過要注意不要將辣椒子一起放進去，不然看起來就不好看了。

我家的醃蕗蕎因為在煮沸的階段加了許多辣椒粉，所以相當辛辣。

此外我家的蕗蕎是醃成近乎透明的「玳瑁色」，這也就是它被稱為「玳瑁醃」的緣故。

上述是最理想的玳瑁醃。不過一定要記得幫蕗蕎去掉頭尾「整形」。醃蕗蕎的味道相當高雅，所以「整形」後放進乾的瓶子裡，早晚用餐時就可以取一些出來吃。吃個一兩顆就覺口氣清爽，頭腦清醒。有口臭的女性務必一試。

之所以會有口臭，除了因為口中有細菌外，多半是因為腸胃中的細菌所造成。而蕗蕎對這兩者皆有很好的效果，對喜歡接吻的人來說真是不可或缺的聖品。這麼說好像在幫賣蕗蕎的人打廣告，不過我還是要聲明，市面上賣的那些先擦過鹽再醃或是自己亂醃的蕗蕎，效果我就不保證了。

在這裡我還是要說一句惹人嫌的話。東京的女性實在是醃不出好吃的醬菜，因為父母都沒好好教她們。如果東京女性照著我說的方法醃了醬菜給先生吃，先生一定會大吃一驚：「這是妳創作的藝術嗎？」然後對妳更好。

上野的松阪屋百貨公司曾經替我家的醬菜做過宣傳。當時他們食品部的員工在我家的醬菜倉裡拿了一點蕗蕎「整形」後剩下來的頭尾部分起來吃，嘗過後是讚不絕口。還用茶杯裝了醃梅子用的日本酒「正宗」，邊喝邊吃，最後醉醺醺地離開。其實這些被切下來的蕗蕎碎屑搭配冷酒是最好的下酒菜了。

〈醬菜講義〉

ラッキョウの黒ダイヤ漬

醃黑鑽石蕗蕎

蕗蕎還有其他各種醃漬方法。我家的「黑鑽石」正如其名，像吉丁蟲般發出漆黑閃耀的光芒，故名為黑鑽石。不知為什麼，女性特別喜歡吃。

做法和前述的方法沒有什麼太大的差別，材料則是使用我喜歡吃的黑砂糖。然後在土用期間將瓶蓋拿下，瓶子拿到將近有四十度高溫的太陽下曬。

讓陽光照射至瓶中液體的溫度升至三十二、三度。

不過照過土用的陽光後，蕗蕎的顏色雖然會變得很漂亮，但也會變軟，所以最好是將裡面的蕗蕎先取出來，只照射醃醬汁就好。只要醬汁的顏色變濃，醃在裡面的蕗蕎最後也會醃出漂亮的顏色。

這個用土用的陽光照射醃醬汁的方法不僅適用於黑鑽石，所有種類的醃蕗蕎最好都可以在土用期間拿出來照射。照射過後可以放幾十年，而且越陳越好吃。

如果一整個夏天都將醬汁拿出來曬，那麼黑砂糖醬汁會被曬得完全漆黑。這時就算裡面放了蕗蕎，陽光也透不進去。

這樣一來蕗蕎會更增添閃耀的光澤，但咬起來充滿彈性，中間的芯則既硬又脆，然而乍放進口中時又有一種入口即化之感。

目前我家裡年代最久遠的一瓶黑鑽石蕗蕎是昭和二十四年[1]醃的，和昭和二十五年醃的比起來不但更加充滿光澤，味道也好多了。二十五年分的不知道為什麼好像失敗了。昭和三十四年之後我就不再醃黑鑽石，只醃玳瑁，今年也醃了二斗。

1 西元一九四九年。

〈醬菜講義〉

梅づけ

醃梅子

醃梅子如果光是梅子還簡單，可是因為還有許多蔬菜要用梅醋醃，所以每年到了醃梅子的季節都把我忙得暈頭轉向。

與梅子同時放進去醃，然後將醃好的梅子先撈出來之後繼續泡在紅色梅醋醃的食材大概有以下幾種：

(1)草石蠶 (2)薑 (3)竹筍 (4)茗荷子 (5)小黃瓜 (6)大黃瓜 (7)越瓜 (8)蘿蔔 (9)八重櫻 (10)蕗蕎 (11)牛蒡 (12)球芽甘藍 (13)白色花椰菜 (14)食用土當歸 (15)田螺

其中薑又分老薑與嫩薑，而老薑又有「玉醃」、「八手醃」、「千枚醃」等各種醃漬法。

醃黃瓜與越瓜也有「切丁」與「切片」兩種。醃蘿

咬下去，核很容易脫離梅肉的就是好梅子。

蔔則稱為「紅梅醃」，將蘿蔔切片後再刻成紅梅形狀的花瓣形。

昭和二十五年[1]是我與妻子的銀婚紀念，但由於那一年我女兒結婚，對方入贅成為我的養子，所以銀婚紀念就暫時延期了。我的銀婚紀念是在秋天，原本慶祝宴應該要在上松竹梅酒[2]時同時端梅酒給客人，並且梅酒中要放梅花瓣。我特地為此於前一年就將紅梅花瓣先放進鹽裡醃漬起來。

然而我將春天醃的花瓣於秋天拿出來，放在銀酒杯中倒酒進去之後，怎麼看都覺得沒有想像中的漂亮。所以第二次我改將蘿蔔刻成花瓣的模樣，放進加了梅醋的紫蘇汁裡醃。結果醃出來的顏色比紅梅還要鮮艷，酒也變得更好喝，讓我很滿意，決定宴席上改用蘿蔔花瓣。結果因為女兒結婚，這個蘿蔔花瓣就在結婚喜宴上用掉了，我們夫妻的銀婚紀念則取消了。

我那醃得艷紅的花瓣，就在年輕人的喜宴上喝松竹梅最後的「梅之酒」時用掉了。

不過最近我成功地用紅梅醃漬了八重櫻，原本想等金婚紀念時，梅酒裡放入用梅醋紫蘇汁醃的真正紅梅花

拔紫蘇。我家每年都需要二百貫的紫蘇。

瓣，讓賓客喝個過癮。沒想到妻子離癌而撒手人寰，金婚式就這樣永遠取消了。

先將一片梅紫蘇醃花瓣裡的汁水擠在金酒杯中，然後將花瓣放入酒杯裡，再倒入用金酒瓶裝的酒，這一瞬間酒杯裡的花瓣會宛如在酒中乍然綻放，甚是美麗。

既然醃八重櫻已經成功，紅梅醃蘿蔔自然是不需要了，但我將這一千多片的醃蘿蔔一片一片仔細疊好放在瓶中儲藏。這麼漂亮的東西實在不捨得輕易丟棄，而且我太愛它瑰麗的顏色，所以直到現在還是會每年醃漬一些。

與紅梅醃蘿蔔類似的還有紅梅醃黃瓜。將七貫生黃瓜切成像紙片那麼薄，也只有兩千五百片左右。而且曬乾後只有三升瓶的七分滿，由此可以看出來我將黃瓜反覆曬得有多乾了。切片的黃瓜又別有一番妙滋味。

黃瓜這種東西，頭尾部分因為沒有籽，所以切片醃漬後如果不特別說明，沒有人會發現這是黃瓜。而中間有籽的部分又形成特殊的模樣，看起來別具風情。將切片的黃瓜曬乾後一片一片攤開，小心的疊在一起，再放進瓶中保存。

昭和三十一年[3]都是晴天很少下雨，以致紫蘇的顏色很不漂亮。紫蘇在日照不夠、多雨的年分顏色才會特別鮮艷。因此昭和三十一年的紫蘇色素不夠，搓揉不到三次就結束了。我家那些年輕力壯的年輕人很努力地揮汗搓揉，但這年才搓揉兩次，紫蘇那獨特的色素就已經完全褪去了。

往年即使搓三到四次還會流出帶紫的紅桃色汁水，然而這一年只看得到帶黑的紅紫色。所以五十貫紫蘇的顏色還不如往年二十貫的漂亮。

即使如此，放進去醃的黃瓜、茗荷、薑、草石蠶等蔬菜還是染上了顏色，只是到了第二年顏色就褪了。所謂的草石蠶，就是用在年菜的黑豆裡，像紅色蠶寶寶又像地瓜的植物，是做年菜的食材。

做梅干最重要的，就是土用的天氣了。

氣象預報畢竟只是預報，不可盡信。昭和三十一年土用的預報就完全失靈。

進入土用的第二天，我就發現天氣和氣象預報報的完全不同，很想叫氣象台給我閉嘴。我鋪在庭院中準備曬太陽的一整片梅子有好幾次都差點被大雨淋得溼透

搓揉紫蘇的作業。很少有作業是這麼需要年輕人的力氣。

透，還好我準備了遮雨棚才逃過一劫。

而且還有連續兩三天都下雨，完全見不到陽光的天氣。還好之後就撥雲見日，我的曬梅干作業也得以順利進行。

不過因為是四十五度的直射日光，一眨眼梅干就曬乾了。我們每天被日光追著跑，在炎炎烈日下一天站立四、五個小時整理曬好的梅干。這種辛苦活不是女人家做得來的，所以我的助手都是男性。然而即使是男性也受不了這樣的曝曬，我的助手們快則一天，撐得久的也不過三天就口吐白沫昏倒了。可見曬梅干是多麼折騰人的粗活。

在這裡我不得不說，現在的年輕人真的很沒用。所以到最後只有耐力最強的本人獨自埋頭苦幹了。

每年這個土用期間曬梅干的工作都會讓我曬得全身黝黑，但這似乎像靈丹妙藥一般，讓我幾乎是百病不侵。我總是嘲笑那些曬一下就倒的年輕人：「怎麼樣？要不要吃點我的口水啊？」而他們聽了也只能苦著一張臉。

然而昭和三十二年的土用只有一開始的兩、三天是晴天，接下來不是陰天就是下雨。

所以我只能利用土用過後的殘暑來曬梅干，讓我傷透腦筋了。這一年和前年不同，我還特別親自前往小田原、秩父、熊谷等地買了八種，合計六百貫的梅子，所以需要比往常更大的地方曬梅干。

幸好文藝坐的屋頂很大，最後我只好拿到那裡去曬。曬梅干真的是完全看天氣的辛苦差事啊！

值得慶幸的是我仍花了三年的時間，將各地梅子的特性做了詳細的分析。

1 西元一九五〇年。
2 日本在喜慶宴客時喝的清酒。
3 西元一九五六年。

〈醬菜講義〉

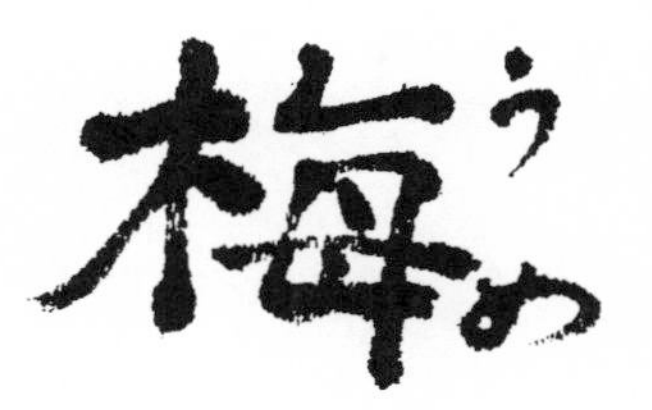

梅干

要做梅干在鄉下和都市會有很大的差異。在鄉下只能用當地出產的梅子，然而在東京的話，關東以北地區所產的梅子都可以買得到。如果是在京都或大阪，則可以買到近畿地方以西的梅子。只醃當地梅干的話，只需要了解那一種梅子的特色即可；然而在都市由於梅子種類太多，反而很麻煩。所以要醃梅干，首先要學會辨別梅子的種類。

以前的人說過，梅干必須要用進入梅雨季後第三天搖下來的梅子才行。梅雨季的第三天是採收梅子的好時機。從前常有梅子產地的人將梅子運到東京來賣，近年來已經看不到了，就算有，也常因為沒聽到叫賣聲而錯過，因此最近我都是在蔬果店買。在蔬果店買的話要拿一個起來咬咬看，如果有清脆的聲響，並且梅肉與核一下就分開了才可以買。梅肉會殘留在核上的梅子就算醃過，核也很難脫落，會殘留下來。

洗梅子。

將梅子（桐生地方出產）從酒甕中撈出來，最後再曬一次。

這種梅子醃起來也只會分泌出少量的梅醋，所以肉不會變軟。醃再久肉與核都不分開的梅子是最討厭的。此外表面有許多小凹痕的梅子也不要買，這表示表面被蟲吃過了，所以那個部分會特別硬。不但不容易曬乾，咬起來也容易留殘渣。但是東京的蔬果店進貨都只進一點點，所以像我家這樣需要大量梅子的話，光去一家店買是不夠的，只能同時向兩、三家店購買，但這樣一來梅子的種類又參差不齊。到最後我只能親自前往梅子的產地，檢查一下梅林中結的梅子，確定品質沒問題就買回來。昭和三十一年[1]我還醃了水戶梅[2]。

水戶地方雖以水戶黃門聞名，但梅子卻不怎麼樣。我試醃了中顆的三斗和小顆的二斗，中顆的生梅子肉與核分離得並不漂亮。

至於梅醋的分泌量，三斗的梅子分泌出一斗多的梅醋，還算可以。但最後秤總重量是一斗四升，所以還不到當初梅子量的一半。至於小顆的二斗梅子只分泌出五升的梅醋，成果相當不好。不過醃好的總重量是一斗二升，所以還占了六成以上，以這樣的比例來看還過得去，只是汁分泌少的梅子就很硬，所以醃出來的梅干自然也不及格。

梅子選得不好結果就是這樣，因此梅子的品質是最重要的。此外大顆梅子最好只選九州的豐後梅，最理想的還是中顆大小。中顆的梅子首先最容易吃，沒有太大或太小的缺點。大顆梅子不但太大，吃起來辛苦又不實惠。而小顆梅子也時常核還比肉大，不但不實惠，醃起來又麻煩。

1 西元一九五六年。

2 茨城縣水戶地方產的梅子。

〈醬菜講義〉

梅のつけ込み

梅子的醃漬

青梅如果表面有傷痕或太熟的話醃起來容易破，最好不要用。必須將有傷痕和太熟的青梅挑出來分開醃，否則醃出來的梅醋會變得很渾濁很難處理。

梅子買回來後先放在淘米水裡去掉梅子的青澀，泡兩天兩夜後原本帶青色的梅子就會變黃。將淘米水倒掉，反覆用清水清洗，直到梅子上沒有淘米水的味道為止。最後將水分瀝乾。

瀝掉水分後以一升梅子對二合鹽的比例放進木桶裡醃，上面壓的石頭越重越好。由於市面上梅子開始賣的時期離土用尚早，所以買回來後立刻醃起來的話只要三、四天左右就可醃出梅汁（醋）了。

這個梅醋是最重要的，所以一定要蓋上蓋子以免灰塵跑進去。飛蛾或蟲也可能飛進去，不過與其他醬菜不同的是：即使有昆蟲，也馬上就會被梅醋殺死了，所以這點倒不用擔心。只不過有蟲屍的話最後還要過濾太麻煩，還不如一開始就用木板蓋著，或用油紙或厚布將甕

將梅紫蘇取出後為了取得紅梅醋，我用陽光直射讓水氣蒸發，以留下梅子與紫蘇的汁液精華。

三角家屋頂上曬的梅子和紫蘇。黑色的部分是搓揉過的紫蘇。

口包起來。

最近塑膠布也很普遍，省了不少麻煩。

依我的經驗，品質不好的梅子一斗可以分泌出二升五合的梅醋；好的梅子可以分泌出三升以上。

這是指每一顆梅子裡所含的所有汁液，重量大約占一顆梅子的二成五至三成左右。

這個比例與人類差不多。也就是說，一斗的梅子如果分泌出二升五合以上的汁液，就能夠保護自己不會腐爛。所以梅醋實際上就是梅子的保護液。

當這個保護液（梅醋）漲到比木桶的蓋子還高時，就是紫蘇上市的季節了。

等時節一到，就早點去買紫蘇，不要錯過了。紫蘇買回來後要搓揉數次，才能染上梅醋的顏色。

此外，搓出來的紫蘇汁也要拿來為其他食材染色。

〈醬菜講義〉

紫蘇

要染一斗梅子起碼需要用到三十把紫蘇。說是一把，但紫蘇長得有粗有細，而且加上莖的重量才一百匁。然而真正會用到的只有葉子，根莖都要丟掉，所以實際上只剩下四十五匁的分量。三十把的紫蘇雖然有三貫以上，但只算葉子的話只有一貫又二、三百匁而已。像昭和三十一年[1]那樣都是大晴天的年分，長出來的紫蘇顏色就很暗，很難分泌出鮮艷的汁水，用量自然就比較大。而昭和三十二年多雨，紫蘇的顏色長得很漂亮，所以原本需要用一貫二、三百匁左右，結果只用七、八百匁就夠了。

所以如果要醃一斗梅子的話，至少需要搓揉七、八百匁的紫蘇。加了這個紫蘇顏色的梅醋可以任意加入薑、竹筍、牛蒡、瓜類、蘿蔔等任何蔬菜，都能染上漂亮的顏色，所以梅醋裡所含的紫蘇顏色越濃越好。也因此搓揉紫蘇在醃梅子的過程中是相當重要的一環。

我是在九州的鄉下長大，所以一直以為拔紫蘇葉是人人都會的常識。然而在東京成家，雇了許多家丁後才發現，會拔的人是少之又少。有些年紀不小又愛倚老賣老的人卻連拔紫蘇葉都不會。這種人多半是在城市長大的。

都市長大的女性更是完全搞不清狀況，畢竟她們的父母也不會，也難怪她們。我原本以為大家應該都會拔紫蘇葉，一問之下才知道都不會，我只好一片一片教他們怎麼拔。

紫蘇葉要從葉莖，也就是從大莖長出來的地方去拔葉柄。而莖的尖端部分也要連同較柔軟的部分一起搓下來。此外軟的枝可連同葉子一起拔下，還有細芽也可以拔。剩下的只有硬梆梆的莖與埋在土裡的根部而已。拔葉子的時候有時會連靠根部的莖皮一起扯下來，但這個部分在搓揉時會很礙事，而且根本不能吃，所以是不需要的。

將葉子拔下來後反覆用水清洗幾次，將土、灰塵和葉子背面的蟲都洗掉。然後將洗好的紫蘇葉放在篩子上，全部洗完後立刻開始搓揉，不需要等水分瀝乾。由於在洗的過程中原本枯萎的紫蘇會恢復生氣，所以要趁這時候趕快搓揉。等水分都乾了葉子又枯了的話，就沒辦法搓出鮮艷的顏色。

在這之前要先準備好搓揉用的缽。這個缽最好是比較淺一點的木桶（像泡腳用的），或是中間挖空的木缽，但一般家庭中多半沒有這種東西，所以用珐瑯的盆子就可以了。用來磨粉的缽會把紫蘇弄破，最好避免。

此外，由鹽和梅子分泌出的梅醋裝入另一個容器裡，放在一旁。然後再準備一個空盆子用來放搓揉過的紫蘇團。現在一切就緒，可以開始搓揉了。

用一個手掌抓兩大把洗好的紫蘇葉放進缽中，均勻灑上鹽巴後輕輕搓揉。力道不可太重，否則會搓出黑色的汁水。第一次的汁水是澀的，所以要全部倒掉，千萬不要搞錯，萬一留下來用是會讓梅子腐爛的。所以第一次的搓揉是去澀搓揉，去澀完畢後，第二次開始就是出色搓揉。

搓出來的紫蘇汁淋上梅醋後立刻變成紫紅色。將這些紫蘇汁盛在缽中。

將去澀後的紫蘇團攤開，再次灑上鹽巴後繼續搓揉。一邊搓揉時，一邊要將從木桶裡撈出來的梅醋裝在杯子或碗裡，然後朝正在搓揉的紫蘇倒下去。從紫蘇搓出來的黑青色汁液一碰到梅醋，立刻就會變成鮮艷的紫紅色。

這個過程要反覆好幾次，只要紫蘇還搓得出顏色就要一直繼續。紫蘇會因生長狀況的不同而影響出色的狀況，一般大概到第三次都搓得出顏色。如果希望梅醋有漂亮的顏色，就一直搓揉到顏色夠深為止。但如果想醃成白梅，那麼就不需要紫蘇。

尤其如果想醃白梅醋當成止瀉劑，就取一部分梅醋起來另外醃。

搓揉好之後，將已經染色的汁水（梅醋）倒回裝著梅子的木桶裡，再將搓揉過的紫蘇覆蓋上去，用手掌壓一壓，使梅子完全泡在梅醋裡。

紫蘇放進去後上面就不用再壓石頭了，否則會讓梅子染色的速度變慢。所以不要壓，讓梅子盡量吸收紫蘇汁。接下來就期待土用早日來臨了。

在進入土用之前，要先趕快將預備用紅梅醃的蔬菜先用鹽醃起來。像我之前說的草石蠶、黃瓜、薑、茗荷、竹筍等，任何你想染成紫蘇色的蔬菜都可以丟進去。如果不是當季的蔬菜，像草石蠶，就必須於前一年先用鹽醃起來；而竹筍、黃瓜、薑、茗荷這些當季蔬菜就於土用前以一貫對二合薄鹽的比例醃著。

進入土用後，梅子已經完全染成鮮紅色了。在天還沒亮之前將梅子放入篩子中，瀝乾上面的梅醋後移至曝曬的空地。要在地上鋪一層木板，然後將梅子一個個排在上面曬乾。同時將木桶裡的梅醋移至甕裡，也搬到曝曬的空地上。取出甕裡的紫蘇，將裡面的梅醋絞乾後也鋪在木板上曬。紫蘇要曬到什麼程度很難掌握，曬得太乾是不行的。裝梅醋的甕也要將蓋子取下後照射陽光，由於木桶曬到陽光會因乾燥而出現裂縫，所以才要先將梅醋移到甕裡再曬。梅醋裡含有很多水分，照射陽光後水分會蒸發，只留下酸液、鹽液與色素液，這就是為什麼要曬太陽的道理。直射陽光的溫度大約有三十幾度，因此照射過的液體用手觸摸也是熱的。液體的表面會有一層鹽的薄膜。

同時也要將用鹽醃著的「食材」：薑、茗荷與草石鹽去鹽。其實直接將這些蔬菜拿起來吃也很美味，但因為我們用鹽醃起來的目的是為了放進梅紫蘇醃，所以它們都還只是「食材」而已。從木桶中取出後先去鹽。用清水反覆洗過，將鹽水倒掉之後就可以醃這些食材了。

這個去鹽的步驟很重要。如果沒有去鹽就直接放進梅醋裡醃，那麼食鹽的作用會大於梅醋和紫蘇，醃在裡面的食材就無法吸收梅醋和紫蘇的色素了。所以為了降低鹽分濃度，才要去除食材上的鹽分後再放進新鮮的紫蘇醋裡醃，讓它們染上宛如唇膏般鮮艷的紅色。

修學生們正在收拾曬好的梅干。大部分都是東京大學的學徒，並且是反對政治活動的優秀學生。

如果用清水去鹽會很花時間，讓食材流失原本的風味，所以一定要用鹽水。不過這個鹽水要非常淡，淡到用舌頭只嘗得出隱約的鹹味。由於鹽的中和性很強，所以會流出至淡的鹽水中，而且只要兩、三個小時鹽分就可以完全去除。然後將食材撈至篩子上瀝掉水分，拿到陽光下照射，讓水分完全蒸發。

這個去鹽的步驟日文叫做「遁竄」，是形容鹽分「逃」到水中的狀況。這個遁竄如果做得不夠徹底，鹽分就無法去除乾淨。這些醃過鹽的蔬菜內部都含有鹽分了，會排斥新鮮的紫蘇精華。去鹽的意義就在於讓食材順利吸收紫蘇精華，希望讀者能充分理解。

我在《醬菜大學》紫蘇的章節中應該提過，我們實在應該佩服先人的智慧。在遙遠的神話時代，人們是如何知道用鹽巴搓揉紫蘇，再倒入梅醋後紫蘇就會變成紫色呢？實在是太神奇的藝術了。這也是為什麼醬菜與味噌都被譽為是藝術的基礎。有人說紫蘇醃梅干是千年之寶。在具強力消毒力的梅子中搓進紫蘇，就完成了比福馬林還要強兩千倍的殺菌食品。這究竟是誰發明的呢？沒有人知道。只能說是祖先生活的智慧了。

照我寫的方法製作紫蘇液，然後丟進各種蔬菜進去，各位就會明白。看到紫蘇液是如何將那些食材染得那麼漂亮，並且吃起來又美味，讓人只能發出驚歎了。只讀過文字而沒有實際看過那種讓人想塗在美人唇上的艷紅，是沒有資格談論紫蘇的。

1 西元一九五六年。

〈醬菜講義〉

梅干の仕上げ

梅干的完成

紫蘇搓揉完畢，梅醋也染成紫蘇色後，這個紫紅色的梅醋除了可以用來醃梅干，其他像竹筍、草石蠶、瓜類，只要是你想得到的材料都可以先去鹽後丟進去醃成紫蘇色。

曬過陽光的梅干已經很乾燥，用手去摸會覺得很熱。將梅干聚集在木板上之後，一次倒進也照射了直射陽光而處於高溫狀態的甕中。由於梅干已經完全乾燥，因此放入紫蘇液裡之後會發出吱吱聲，充分吸收紫蘇液。原本乾乾癟癟的梅干吸飽了汁液就變得圓圓潤潤。所以不要心急，給梅干充分的時間吸收紫蘇液。待梅干吸飽了，在甕口架一個篩子，然後將梅子放到篩子上，讓梅醋滴進甕中，然後再次讓梅干照射陽光。這樣的過程要反覆至少一個星期，長則兩個星期。醃完了曬，曬完後再次醃漬。最後梅干會變得乾巴巴，充分曬乾後就可以儲藏起來了。這個階段要先將味醂煮沸，把梅干放進去吸收味醂，然後再將梅干拿去曬太陽，最後再放入甕或瓶中儲藏。

在這裡要注意的是，用這種方法曬好的梅干因為很乾燥，看起來就是乾乾的。所以一般人都認為所謂的梅干就是皺皺乾乾的。可是其實梅干應該不是乾巴巴，而是很濕潤的東西才對。

像我家這樣醃大量梅子的家庭通常會放了許多三十年、四十年的陳年醬菜，自然也有許多資料數據，但一般家庭最多儲存兩年就很了不起了，所以也無法記錄什麼資料，當然就不會知道梅干的本質如何。梅干這種東西無論曬得多乾，只要長期保存，梅子就會恢復原狀，分泌出內含的檸檬酸，保護包住核的梅子肉和皮。梅子浸在裡面後就不會腐壞，這是讀者要知道的知識。

我家有一樣傳家之寶，就是我祖父於元治元年[1]醃漬的一大瓶豐後梅。因為是元治元年醃的，到現在已經超過一百年了。之前名古屋的中村百貨公司曾經舉辦過我家的醬菜展示會，當時為了防止遭竊還特地替這瓶梅干保了險，我記得一顆梅干是三萬五千圓。這些梅干裝在直徑七寸、高七寸的瓶子裡，裡面充滿了檸檬酸。

這個檸檬酸是一種自然分泌出來無色無味的鹽基性酸，會結晶而包覆住梅干，但又易溶於水，因此古時候用來當成退燒的輔助藥品，令人舒暢的酸味廣受喜愛。檸檬酸會發出這樣的酸味是因為其中含有枸櫞油之故，而這種芳香也被善加利用，還添加至飲料中。

只有家裡有百年梅干的我，才會有這些資料數據。所以即使是這個領域的專家學者，也不知道梅干雖然看起來乾巴巴，實際上歷經許多年仍然會分泌檸檬酸這個事實。

我希望提醒大家，不要以訛傳訛而貶低了醬菜真正的價值。

屋頂的曬梅場。整齊地排滿了紫蘇和梅干。主人正在檢查。要花一整天將所有的醃漬物都看過一遍。

離東京不遠的小田原有一家專門賣梅干的店，因為就在車站前，應該很多人都看過這家店吧。

進了店裡可以看到貨架上放了各種梅干，還真讓人會誤以為是歷史悠久的梅干店呢！貨架上一瓶瓶的梅干瓶上貼著標籤，上面寫著「享和年代」[2]、「元文年代」[3]、「正德年代」[4]、「寶永年代」[5]等年號。

讓我大吃一驚的是那些梅干一看就知道不是古早時代醃的，而是最近土用期間曬乾、製作的。不但看起來乾巴巴，也聞不出什麼酸味。寶永年代應該是中御門天皇時代，幕府將軍則是德川綱吉。而我實際看到這批梅干是在一九五九年夏天，前往小田原的梅林購買生梅子的時候，所以如果真的是寶永年間的梅干，那麼應該有兩百四十五年的歷史了，然而卻沒有分泌出一滴檸檬酸，純粹只是乾癟而沾著鹽巴的梅干罷了。

即使我在這裡揭發真相，但全日本能夠鑑定梅干真偽的，應該還是只有我一個人。這家店因為歷史悠久，還自誇：「高級百貨公司只賣我們家的梅干。」如果事實真是如此，那所謂高級百貨公司也不過爾爾。

所以店裡陳列的梅子上雖然貼了寶永、元文、享和、正德這些騙人的標籤，但內行人一看就知道是假的，真是標準的「掛羊頭賣狗肉」。還是說如果不知情的顧客被騙得很高興，那麼店家的罪過就沒有那麼重呢？

無論如何，各位讀者現在了解了梅子的性質和特色以及真正價值。相信也明白了細心的研究也多麼重要。

現在的讀者只吃過大量生產的梅干，要各位拿出醃了五年、十年的梅干的話，別說是五年了，就算是醃三年的梅干大概各位也從來沒看過，但在我家可以立刻親眼看到醃了五十年的梅干。五十年前我還是個孩子，根本還沒開始醃醬菜，那麼為什麼會有這瓶元治元年的梅干呢？因為這瓶梅干是我家的傳家之寶，所以我們一直很小心保存。

元治年間，當時的明治天皇於三月二十一日因戊辰戰爭的發生[6]，故以大阪本願寺為大本營，出巡至此地。當時九州各藩也被下令派遣護駕之藩兵，然而我故鄉那種只有七萬石的鄉下藩根本沒有所謂的藩兵，只能讓工頭去招募民兵送至大阪。我的祖父就是工頭，率領了其他民兵從大分縣的鶴崎坐船到大阪。雖然美其名為護駕藩兵，其實也不過就是一群老百姓罷了。

由於當時並沒有什麼補給站，所以工頭還要負責其他民兵的伙食。想了很久，我祖父覺得軍隊的便當還是日本旗便當[7]最好，所以就發梅干便當給大家。我家代代都有醃醬菜，所以有很多澤庵和梅干。祖父調查了一下，總共需要三十人份的梅干。用豐後的大顆梅干的話每人每天平均要吃九顆，由於護駕期間不知何時才會結束，因此以一個月計算的話三十個人，一人九顆，總共需要八千一百三十顆梅干。所以祖父開始找家裡有沒有這麼多梅干。

結果發現原來家裡有兩桶的四斗梅干。再數一數，只要一桶的梅干就夠所有人吃了，於是祖父準備了三桶的二斗桶運過去。祖父常驕傲地說自己是天皇近衛軍的大前輩，所以在天皇出巡時也出了一份力呢！祖父說後來藩主原本下令要支付梅子的費用給祖父，但祖父表示這是他的榮幸，拒絕了這筆錢。

現在我家儲藏的是亡母帶來的豐後梅，也就是當初祖父醃的那一批。裡面充滿了檸檬酸，梅子肉和裡面的核都已經呈透明狀，一看就令人垂涎三尺。當我有點傷風感冒時，時常想取一顆出來放進茶裡喝。

可是我怕吃了一顆就停不下來，到最後全被我吃光的話就太對不起祖先了。所以我只能一邊感謝亡母一邊猛吞口水，忍住不去碰這些梅干。

1 西元一八六四年。
2 西元一八〇一～一八〇三年。
3 西元一七三六～一七四一年。
4 西元一七一一～一七一六年。

5 西元一七〇四～一七一〇年。
6 西元一八六八～一八六九年，主張王政復古的新政府軍與舊幕府勢力對抗而起的內戰。
7 白飯中間放一顆紅梅子，宛如日本國旗的便當。

醬菜補講篇

〈醬菜補講篇〉

香之物

即使是吃膩山珍海味的人，看到副食的「香之物」也能吃得津津有味。一般人更是只要有「香之物」配飯，其他什麼都不需要了。「香之物」就是這樣的天下第一美味（若是怪人自是另當別論，關於此事容後再述）。

現在所有種類的醬菜都稱為「香之物」了。

但其實原本「香之物」指的是味噌醃醬菜。而會用「香香」稱呼醬菜的人一定是知識淵博的人，要不然就是什麼都不懂的人。

真正知識淵博的人不會用「香香」、「香之物」、「御香香」來稱呼澤庵，更不用說是糟糠醃了。

九州某個地區將澤庵這類用鹽醃的醬菜稱為「香爐」，這應是「香香」的誤傳。

古人將味噌桶滲出來的味噌水稱為「香之水」，所以味噌就是「香」。可見當時味噌是多麼芳香高雅之物。

《後撰夷曲集》[1]中有一首「香物」，寫道：

聽說是極香之物，竟是糟糠味噌。大受打擊的我不禁淚滿襟。

為什麼這麼理所當然的事會讓這首歌的作者如此震驚呢？這是因為原本只有味噌醃才被稱為香之物。後來有人用鹽糠代替味噌來醃蘿蔔，也就是澤庵醃，所以作者才說糟糠味噌帶給自己很大打擊而淚滿襟。

日文原文中的淚滿襟（しおしお）是雙關語，因「しお」也有鹽巴之意。

佛壇前插的香，以及嗜茶道者在泡茶時為了助興所點的高雅的薰香也都是「香」。而味噌的芳香比起來是毫不遜色，故也被稱為「香」。而味噌醬菜因為是將食材放進「香」裡醃，並醃出了香味，因此被稱為「香之物」。

香之物在室町至桃山時代發展到最高峰。這段時期也是茶道盛行的年代，但當時並沒有配茶用的茶菓子，因此都是用香之物配茶喝。

巡迴檢查醬菜倉是很重要的。

即使在現代，熟悉這種傳統的人家或地區仍然會用茶與香之物招待客人。

到這樣的人家作客總讓我很佩服，並且會迫不及待地品嘗這家人的美味香之物。不過一般那種砂糖做的茶菓子我是從來不沾的。

說到茶菓子，現在的人似乎都以為菓子一定要是砂糖糕點。但其實菓子原本是寫做「果子」，也就是水果的意思。所以在古代，「菓子」都是水果。

也因為這樣，現在還有人將「菓子」稱為「水菓子」。

不過古代喝茶時是不搭配菓子的，而是配「香之物」，也就是味噌醬菜。

而且這個味噌醬菜可是上上之品，就連天皇駕臨時也是用開水泡飯和香之物來接待的。

為什麼會用「開水泡飯」呢？

這是因為吃「茶泡飯」就無法充分

品味香之物的味道了。所以主人家才會端出開水泡飯再加上人間美味的香之物，讓天皇感受這個人家的風格、廚藝、用心、細心，可說是一份包含真心誠意的菜單。

由此可見無論是味噌還是味噌醬菜，都是製作者費盡心思的創作，這就是藝術啊！

前一陣子我參加一個廣播節目，在節目裡和料理家江上登美女士談「醬菜的味道」。

糟糠醃的管理。要時常檢查上面的蓋子及甕底。

我在節目裡說，醬菜雖然也是一種料理，但更是一門藝術，所以一百萬個人醃出來的醬菜就會有一百萬種不同的味道。醬菜和烹飪就是需要去花心思和下工夫。

所以光向人學習是不夠的，一定要自己苦心鑽研，才會發現其中的樂趣。

今年我釀了一百五十貫味噌，還用味噌醃了兩百貫的蔬菜、魚、雞肉及豆腐。

我還打算到了冬天，再把整顆柚子也放進去醃。我認為味噌醃柚子是這世上最美味的東西了。

醃柚子不但香味在香之物裡是第一等，味道和口感也完全沒話說。

註：這個補講篇的內容雖然在正課中已詳盡介紹，也有許多重複之處，但我還是補寫後收錄於本書中，作為《醬菜大學》的姊妹篇。內容主要是之前連載於佛教雜誌《大法輪》中的文章。

1 江戶時代前期的狂歌集。

〈**醬菜補講篇**〉

瑞軒的乞丐醃

在介紹我家的味噌醬菜之前，我想先寫一篇短短的古代故事，這是有原因的。來找我討論醬菜的人一定都會問我：「為什麼你對醬菜這麼了解？是跟誰學的？」而我每次都只回答：「沒有啊！」從來沒有真正解釋過其中緣故。

我會這麼做第一是嫌麻煩，醬菜這種東西不就是生活常識嗎？所以我也不想表現得一副自己很有學問的樣子而滔滔不絕。但我相信之後還是會不停地有人問我同樣的問題，所以我乾脆在此將我的知識（或許言過其實了）來源公開於此。

我四歲的時候父親去世，所以我只剩母親。或許是可憐我這麼小就沒了父親，母親總是去哪裡都將我帶在身邊，寸步不離。就連織布時也帶著我，我就在一旁邊聽著機杼聲，並且幫忙撿拾掉在地上的杼。

現代人可能不知道，我家以前有織布機。母親總是讓姊姊幫忙，用手織出我們幾個孩子的衣服。像梳子一樣用來控制經紗的工具叫做「筬」，而杼則是穿緯紗的工具。杼會在經線中來回穿梭織成布。織布者必須兩手交替接住杼，再用手敲一下杼，非常忙碌，但也很有趣。「咚！咻！咚！咻！」，母親總是和著機杼聲嘴裡這麼唱和給我聽。

而我在一旁就等著母親手上的杼掉落，只要一掉下來，我就馬上衝過去撿，遞給母親時她總會說：「我又把杼弄掉了。」我總覺得做這件事是幫了母親很大的忙，也因此喜歡待在母親身邊，而她也織了許多麻的衣服給我們。

母親就是這樣，絕不會讓孩子在一旁無所事事。釀

鹽醃帶葉辣椒。隨時去鹽後水煮或用味噌醃。要常檢查蓋子。

味噌的時候也會安排工作給孩子做。

味噌是在採收新大豆之後開始進行釀製工作。而母親就讓當時還沒上小學才六歲的我負責挑選大豆。到了要煮大豆的時候，也叫我負責生火。

其實母親是為了讓我有事情做，免得我在一旁搗蛋。而真正重要的工作多半都是姊姊負責，所以姊姊常被母親罵。而關於鹽和麴的混合方法，母親是不厭其煩地對姊姊再三說明，所以在一旁的我也是從小聽到大。

「這樣攪拌的話一定會溢出來。掉出來的大豆即使只有一顆，也絕不能踩爛。糟蹋的即使只是一顆大豆，就絕對無法成為有德之人。趕快把掉到地上的大豆都撿起來。對對，要珍惜物資，將來就會像十右衛門那樣出人頭地。」

「十右衛門是誰啊？」我問。

「是一位名叫瑞軒，了不起的大人物。」姊姊在一旁回答。

「有多了不起？」我又追問。

「我還沒跟你講過這個故事啊！十右衛門是以前在江戶拉車的車夫，因為想出人頭地，所以把所有家當賣了籌了旅費，準備上京都去。他出了江戶城走到箱根八里入口的小田原，決定在客棧住一宿。他在客棧裡遇到一位溫文儒雅的老人，問他要上哪兒去。他告訴老人他想上京都求學，成為有學問有品德的人。

「結果這位高貴的老人告訴他：『你的想法是不對的。我看你的面相就是能夠白手起家的成功之相。你為什麼要去京都呢？想白手起家的話江戶是最適合之地了。如果回到江戶的話，一定能發揮你的才幹。』

「十右衛門與這位老人道別後聽了他的話，又回到江戶。當他走到品川的客棧地區時，剛好是清明時節。他走上橋時嚇了一跳，原來橋下的河裡漂著成堆成堆的茄子和黃瓜。江戶的習俗是在清明時將要獻給祖先的祭品全部丟進河裡，所以才會全部漂在河中。

「這些蔬菜都還很新鮮，所以這麼做實在很浪費。十右衛門覺得讓老百姓辛苦種植的蔬菜就這麼流進大海太可惜了，於是將客棧區附近的乞丐聚集起來，給了他們一點錢，讓他們把漂浮在河裡的蔬菜全部撈起來。

「撈出來的蔬菜在河岸邊堆積如山。十右衛門趁乞丐在撈蔬菜時去找朋友，他從前是拉車的，所以向朋友借了拖車，並從酒店借了許多空木桶裝在拖車上，還買了鹽一起運到河邊。接著他將撈起來的茄子、黃瓜都用鹽醃起來，囤積在橋下。

「他天生有做生意的頭腦，所以想出很多好點子。他四處觀察，發現附近不但有建築工地，也有很多工人。河堤邊還有工人或車伕的休息站，每天在那裡吃便當的人都很需要下飯菜。原來周遭有這麼多勞動人口，於是十右衛門拖著整桶的鹽醃醬菜，用很便宜的價格到處叫賣，轉眼間就賣得精光，讓他賺了大錢。算算他的成本不過是給乞丐的工錢、借木桶的酬謝金，還有拖車錢和鹽巴錢而已。後來幕府的官員聽說他做生意的本領，就讓他擔任管理工人的工頭，他也因此有了自己的大房子。

「這就是十右衛門白手起家的第一步。最後他成為一百五十俵的官宦之家，後改名為瑞軒，並成為治水先驅，一生榮華富貴。

「他之所以會成功就是因為愛惜資源，才有此福報。而且他用二合鹽醃那些蔬菜，讓蔬菜很快就入味，表示他很有生意頭腦。」

我的外祖父不但能讀漢文，也是一位虔誠的佛教徒。這些古老的故事都是母親從外祖父那裡聽來的。

母親要講故事給我聽之前，總是會先說一句：「我跟你說外公講給我聽的好聽故事喔！」

日後我將書中所寫的河村瑞軒「乞丐醃」的事蹟與母親說的相對照，發現母親講的是字句不差，我才領悟到原來母親也非尋常女子。

也因為這樣，現在我的家裡才會醃了這許多的醬菜。

如果想讓菜葉醃起來顏色鮮綠，就先在放了明礬的熱水裡燙一下。

〈醬菜補講篇〉

三角醃

來我家的客人中有許多是寺廟的和尚，有真宗、禪宗、日蓮宗等各種宗派。

以宗派來看，禪寺的和尚最喜歡對食物發表高論。其中又有一位特別奇怪的大和尚，看到每一樣食物都要問我：「這是什麼？」我身為施主又不能不回答，只好一一加以說明。

然而他聽了又會說：「這可很少見，給我一點帶回家吧！」可以說是屢試不爽。

「我直接這樣帶回去就好，直接這樣子。」

他會把我端出來的食物連容器一起帶回家。

有時則會說：「再幫我加一點進去再打包。」

不只這樣，有時甚至會說：「順便也給我一些上次的三角醃，我今天可沒忘。上次就想拿，結果忘了。」

說完邊雙手合什，邊邪邪地笑著看我。

「來人啊，拿一些三角醃給這位男客。」

妻子聽了也笑著吩咐下人。在一旁作陪的我自然也是忍不住笑出來。

最後和尚帶著醉意，拎著我們幫他打包的醬菜搖搖晃晃回家了。

這個和尚總是說：「我都沒吃出來，原來這個三角醃醬菜是葛根啊！所謂的深藏不露就是這個意思。」

然後將假牙咬得喀喀作響，細細地品味這些醬菜。

這已經是十五年前的事了。

「這個是什麼？」他又帶著一副不可思議的表情，好不容易用筷子夾起一片紅蘿蔔塊問我。

一般認為醃醬菜是男人的工作。看這些木桶與壓石就明白為什麼會這麼說了。雖然每桶醬菜上都註明了醬菜的種類，但是還必須時常檢查石頭的狀態。

「嗯？原來是被丟在垃圾桶裡的紅蘿蔔頭啊。原來如此，紅蘿蔔葉帶有澀味，是很特別的味道。」

他邊點頭邊吞下這口紅蘿蔔，接著又拿起另一種醬菜放進嘴裡咀嚼，試圖分辨出是什麼蔬菜，但是又吃不出來。這時他的表情真的很有趣。

「這是竹筍啊！」我告訴他。

「哦！對，竹筍，竹筍，就是竹筍。是筍的根部。好，下一個。這又是什麼呢？」

他用門牙咬了一口白白的醬菜，然後拼命用舌頭舔，卻還是辨別不出來。

「味道與蓮藕有點不同，是牛蒡嗎？」他歪著頭問我。

「不就是當歸嗎！」

聽我這麼說，他就會笑著說：「哈哈哈，當歸啊！對，就是當歸。接下來又是什麼呢？柿子皮嗎？」

「我累了，你說是什麼就是什麼吧！」

我已經被問得不耐煩了。

「這可不行！施主怎麼能不回答客人的問題呢？太失禮了。」

我被他吵得受不了，只好告訴他：「大概是蘋果皮吧。我也記不住所有的種類啊！」

「原來是蘋果啊！嗯，這麼一說的確是蘋果皮的味道。相信連佛祖都不知道原來蘋果皮可以醃成這種味道。您家的醬菜實在是太特別啦！等一下等一下！」

他把眼前的碗拉近，然後用優雅的手勢撥弄碗裡的東西。

「這又是什麼呢？看起來好奇怪啊！」

他將碗裡的東西夾起來，好奇的態度就像是發現了一朵花一般。他筷子裡的東西雖然被切得很碎，但有些地方沒切到，還保留原本的形狀。我將碗接過來看了仔細。

「這是薊的花嘛！」

「原來是薊的花。來來來，給我看看。」

他拿起裝醬菜的盤子，放了一塊進嘴裡，咀嚼了一會兒。

「這味道真高雅，用的應該是枯萎的花吧！」

他的判斷很正確。原本插在花瓶裡的鮮花枯萎後，我將它們泡在水裡恢復一點生氣後再拿去醃。所以這盤醬菜裡應該不只有花，還混雜著莖和葉才對。

「太有趣了！我當和尚也看過不少粗食，但這種粗食我還是第一次見到。啊，不！失敬，您的醬菜實在是太有雅趣了。快讓我拿回家吧！直接這樣打包就好。用薄木片或紙包起來給我就好了。」

就這樣，他開始一樣一樣打包回家了。

我醃這些醬菜並不是從瑞軒的乞丐醃中獲得的啟發，而是來自母親從小灌輸在我腦海裡的醃漬方法。

「幾乎所有的食物都可以靠鹽或太陽保存食用。所以不管什麼食物都不要浪費。」母親總是對我這麼說。

「用太陽保存」指的是將食物曬乾後儲存；「用鹽」則是指將食物醃漬起來。

我家的廚房每天都要煮約二十人份的早中晚三餐，所以會有許多蔬菜的廚餘。切下來多餘的蘿蔔、紅蘿蔔、蓮藕等，量非常大。

我每天就忙著撿這些廚餘起來醃。這就是我家的三角醃。

蘿蔔頭與切剩的蘿蔔全都放進去醃。

醃漬方法

三角醃的醃漬方法是非常隨性簡單的。

分量也無規定，只要將鹽與糟糠混合後灑在蔬菜上即可。不過蓋子和壓石一定要夠大，還有從底部湧上來的汁水要全部用布吸乾才行。

先放進二斗大的木桶醃，等滿了之後再正式開始醃漬。

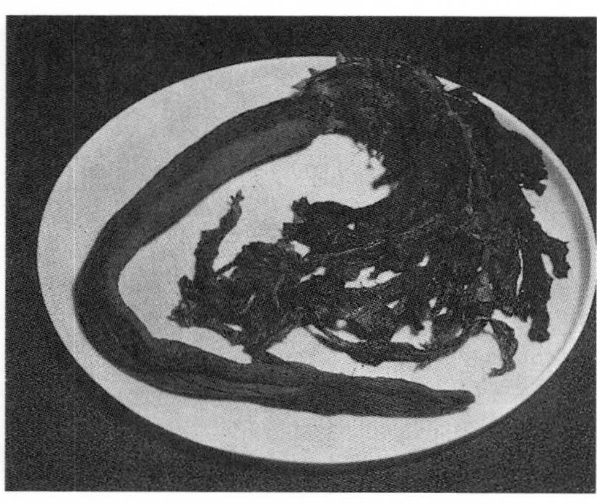

三角家首創的帶葉澤庵。

後來又丟進去醃的三角醃蘿蔔葉。

正式醃漬時將木桶倒過來放，一段一段的醃，這樣最後放進去的蔬菜就會被壓在桶底了。

此外正式醃漬時糟糠與鹽的比例是一升糟糠對二合鹽，並在每一段都撒入大量的辣椒粉。如果能在一升糟糠裡拌入三合左右的河砂更好。

這樣醃漬起來，上面再壓上一塊重石後，就算放三年五年都不怕，反而越陳越香。

廚房用剩的任何蔬菜都可以拿來醃，只有牛蒡的莖與葉因為太澀，不要用比較好。鮮花裡也有很多是可以吃的，只要能吃都可以放進去醃，像醃玫瑰花瓣就很有意思。

廚房會用到的當歸、芹菜等醃過之後味道相當特別。醃橘子皮也可以作為顏色點綴或香料加入菜裡。這一桶醬菜裡可說是綜合了各種蔬菜的雞尾酒，相當有趣。

這種廢物利用醃醬菜之所以比其他高級醬菜還要高一等，是因為它的美味。當我端出醃了八年的三角醃醬菜，不僅是和尚，任何人都會要求帶一點回家。不知從何時起，大家開始叫這種連個正式名稱都沒有的醬菜是「那個三角醃」，所以很自然地，三角醃就成了它的名稱。

這種醬菜是我一定要推薦給家庭主婦們的。東京女性懂的實在太少，才會在買蘿蔔時要求店家先把蘿蔔葉切掉只把蘿蔔帶回家。蘿蔔葉如果醃得好，可是醬菜之王啊！所以我總是在一旁用同情的眼光看著她們。

〈醬菜補講篇〉

菊水醃

這種醬菜我在《醬菜大學》裡也有很詳細的說明，不過有些省略或遺漏之處我想在這裡補上。

「三角醃」是利用廚餘醃漬的廢物利用醬菜，而這個「菊水醃」則是非常奢侈的醬菜。當然也是只有我家才有。最近由於廣播和電視節目的介紹，我家的菊水醃突然聲名大噪，所以很多人來我家一睹廬山真面目。通常只要他們問我，我都會說明我家醬菜的做法，唯有這個菊水醃我是盡量不公開做法。

這是因為菊水醃的醃漬方法太過奢侈，我覺得一般家庭是不可能做到的。

做法

到秋天等松茸上市後，買至少兩貫盛產季出產的松茸。將有泥土的部分切除後用水洗淨。瀝乾水分後不要照射陽光，放在通風處陰乾。乾燥後放進甕中用白醋泡起來，醋的量要多，讓松茸完全浸泡在裡面，最好加三到四升。因為松茸很輕，會浮在上面，所以準備一個壓蓋將松茸壓下去，上面放一塊石頭。醃一個星期左右，松茸的香味就會散發至醋中，松茸本身也會變得緊實。這時將松茸撈出來，把醋瀝掉，然後用和澤庵同樣的方法（一升糟糠加二合鹽）醃漬松茸，上面壓上一塊重石，先儲藏起來。

已經用醋泡硬的松茸即使放進糟糠裡醃，也不會溶化掉。

而含有松茸香味的醋要拿來醃漬用，所以要小心保管。將松茸從醋裡撈出來放進糟糠裡醃之後，立刻將一顆大蒜磨成泥倒入醋中攪拌，同時加入一合山椒粉，再繼續攪拌。接下來倒入七味辣椒粉二合，再攪拌。再來是倒入西餐用的胡椒兩合，攪拌。最後加入砂糖，以白砂糖為佳。加入兩百匁砂糖後再攪拌均勻。

這樣「醃醋」就完成了。這時可以嘗嘗看味道，舔一下，自己覺得味道可以就好。每個人口味不同，覺得味道不夠就再加些調味料進去。

「醃醋」完成之後就蓋上蓋子放著即可。

接下來準備二十貫結球白菜，用水洗淨。大顆白菜切成四半，小顆則切成兩半，然後放到太陽下曬。將水分曬乾後，二十貫的白菜就加一升薄鹽，放進四斗木桶裡醃。之所以要曬太陽除了是為了讓水分蒸發，也是要讓白菜變硬。大約曬半天左右。

準備味噌醬菜的材料。

雖然放進四斗木桶裡醃，但目的並不是要醃成鹽味，而是要讓白菜變軟。醃一天一夜，等白菜的水分跑出來就要拿出來了。

白菜放進木桶裡醃漬後就要開始忙碌了。白菜醃好之前要先準備好二十個柚子、大片昆布五百匁、紅辣椒五百房（完整的）、小竹筴魚三百條、紅高麗菜一貫匁[1]。準備好之後就要趕快處理。

(1)將紅高麗菜和辣椒一起用薄鹽醃起來，上面壓一塊重石。

(2)小竹筴魚切成三片，灑上薄鹽後用醋醃起來。

(3)大片昆布切成三寸長、兩分寬後用水洗淨，然後泡在味醂裡。

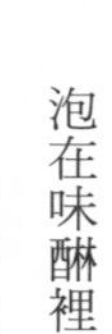

(4)將柚子皮剝掉，切成一分寬，長度則越長越好，然後上面撒上辣椒粉。

(5)將之前醃在糟糠裡的松茸取出，將上面的糟糠洗淨，用布拭乾水分，然後用菜刀直切成厚度一分的薄片。

(6)最後將兩百根稻草削一削然後泡水。這是要當成綁繩用的，不過普通的粗棉線會更好用。

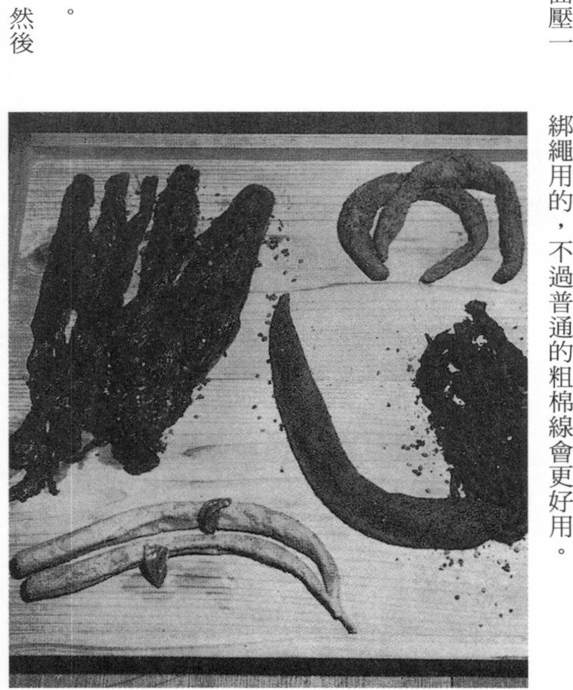

黃瓜與白蘿蔔、越瓜的糟糠醃。

這樣就準備完成了。

到了第二天，昨天醃的白菜已經出了很多水而變軟了。將上面的石頭拿掉，迅速取出白菜，然後使勁吃奶力氣將鹽水擠出來。

雖然這時的白菜軟趴趴的，但和一般鹽醃蔬菜不同，咬起來仍然脆脆的很新鮮。將白菜拿到淺木桶中，從最外層的葉子開始一層層夾入前一天準備好的昆布、竹筴魚、紅辣椒（完整的）、松茸和柚子皮。同時將紅高麗菜葉一片片剝下來，夾進白菜的第二或第三片菜葉中。

全部夾完之後將白菜外層包好，用準備好的稻草將白菜綁成筒狀。

等這些步驟都結束，將綁好的白菜放入高級木桶或甕中疊起來。

於名古屋中村百貨公司所舉辦的醬菜特別展示。

接下來將之前保存的「醃醋」用布過濾，去除香料及調味料渣後，將醋倒進放白菜的桶子裡。

倒入醃醋後要仔細看醋是不是夠將白菜完全浸泡住。發現醋不夠就要用蓋子壓進去讓醋漲起來，蓋子上再壓一塊輕石頭。

萬一醋真的太少，可以加入適當的醋或砂糖。

這樣醃漬大約一個星期後就可以吃了，不過最好醃兩個星期左右味道才會好。

放五個星期以上就要將材料從桶子裡全部拿出來放進別的甕裡。由於醋已經被充分吸收，所以只要保存食材即可。這樣不但可以保存二十年以上，味道也不會變。

而剩下的「醃醋」可以用來醃彩葉甘藍、球芽甘藍、小黃瓜等。彩葉甘藍乍看之下有點像鴻禧菇，而球芽甘藍甚是可愛，醃好後可以放在小盤子裡，看上去別有情趣。

再怎麼說這個「醃醋」可是含有松茸的精華，風味自然絕佳。

所以用它醃出來的醬菜也是香味俱全。因為裡面加了大蒜，有人可能擔心會不會像韓國泡菜一樣吃了臭臭的，但因為還加了胡椒和松茸可以消除大蒜的臭味，讀者大可放心。連吃完後的大小便我也研究過了，所以保證沒錯。

再來是本尊的醃白菜。取出時要先將水分擠出，再將稻草解開之後直接切開。

千萬不要用水洗。就因為最後不能洗，一開始才先將白菜葉洗得很乾淨才醃漬的。所以要吃時直接切開即可。將一捆白菜橫切成三段後，最好放在平坦的盤子裡。由於白菜的切口很像楠木氏[2]家紋的菊水模樣，因此我將其取名為「菊水醃」。

菊水醃裝在平的盤子裡會顯得特別華麗，賞心悅目。有紅高麗菜的桃紅色和鮮紅的辣椒絲點綴，再加上柚子的黃色，彷彿是餐桌上的朵朵鮮花。

有些客人會誤以為這是花壽司，拿起筷子就夾一大塊放進嘴裡。這時我會慌張地阻止他們：「等下！這一次不能吃那麼大口。」如果真的一整塊吃下去會發生什麼狀況呢？恐怕嘴裡會大爆炸吧！這種醬菜一定要一片一片吃，一邊猜嘴裡吃的是什麼，一邊仔細品味。

我認為喝威士忌時，菊水醃應該是最合適的下酒菜了。當然搭配日本酒或啤酒也相宜。許多太太們還說這個很下飯。我將菊水醃拿出來請客人吃之後才發現這種醬菜是如此受歡迎，一眨眼的工夫就被吃光了。

1 一貫匁等於一千匁，約為三．八公斤。

2 日本南北朝時代的南方武士家族。

〈醬菜補講篇〉

澤庵

（補講第一篇）

我在《醬菜大學》中講述過澤庵，但還是在這裡補足。

提到澤庵，一般人想到的不是禪僧的澤庵和尚[1]，而是醃蘿蔔。可見糠鹽醃蘿蔔是多麼普遍。

古書上記載澤庵醃其實是由品川東海寺的澤庵和尚所發明的。

然而更進一步調查，會發現在澤庵和尚出生之前就已經有糠鹽醃蘿蔔乾這種東西了，可見澤庵和尚發明澤庵的說法是不正確的。

我在正課的一開始就寫過：

> 聽說是極香之物，竟是糟糠味噌。大受打擊的我不禁淚滿襟。

由這首澤庵和尚所做的狂歌也可以發現，他既然說「聽說是極香之物」，表示澤庵並非由他第一個發明。

如果是澤庵發明的，他就不可能「聽說」了。

姑且先不去追究這個，這種被稱為澤庵的糟糠加鹽醃蘿蔔乾對日本人來說，是既熟悉又吃得很習慣的一種醬菜。

但是我必須說真正醃得好吃的澤庵並不多，東京的食品店或百貨公司賣的澤庵更是少見有好吃的。明明大家用的材料都一樣，為什麼會有這種差別呢？我研究了很久，結論是為了做生意，導致醃漬方法變得粗糙。

說得詳細一點，首先他們用的蘿蔔就太粗。要醃出美味的澤庵應該要用小一點的蘿蔔，然而那些商店都用練馬區產的像女性的腿那麼粗的蘿蔔。再加上醬菜很容易生蛆，而他們就用桶子將蛆撈出丟掉就算了事。

再來是曬蘿蔔的方式。原本應將蘿蔔曬乾至頭尾可以輕鬆折彎連接在一起才行，結果那些商人還曬不到一半的時間就開始醃漬，就怕曬太久蘿蔔變輕增加成本，導致變成鹽醃生蘿蔔了。

再來是為了商品化而動歪腦筋，將蘿蔔著色。

還有為了混淆消費者的味覺而加入大量糖精這種人工甘味劑，使得蘿蔔原本的甘甜被掩蓋，只剩下不自然的人工味道。

澤庵的本質主要是蘿蔔乾本身被完全引發出來的甜味，以及其獨特的黏稠度。

隨便添加調味料會破壞它的本質，所以一定要避免使用化學調味料。

此外這些商品使用的糟糠太少。糟糠能輕柔地將蘿蔔的原味包住，擔負守護蘿蔔特色的重要任務，所以一定要放得夠多，才能將蘿蔔一根一根包住，要讓蘿蔔像覆蓋著糟糠就像蓋著棉被般安穩地

醃漬中的帶葉澤庵。注意看井井有條的醃漬方式。木桶上塗了青柿子的汁液。

躺著那樣才行。

以上就是我的詳細分析。接下來我要介紹澤庵的最佳醃漬方法。首先是「帶葉澤庵」。

帶葉澤庵

一直以來人們都認為醃澤庵時就是要先將葉子去掉，就連介紹醬菜的書上也是這麼寫，好像澤庵一定要用沒有葉子的蘿蔔醃才行。然而我家每年至少都會醃五十貫以上的帶葉澤庵，所以三角家算是「帶葉澤庵」的始祖。

材料

在蘿蔔盛產期訂購大量一尺五寸以下的帶葉蘿蔔。這一點不愧是東京，什麼蔬菜都可以買得到。鄉下地方只買得到當地出產的農產品，東京則是應有盡有。

將蔬果店送來的帶葉蘿蔔用繩子串起來之後吊在屋簷下，絕對不可以曬在戶外。如果吊在院子裡的大樹下曬，可能會受到雨水或霜的侵害，原本好端端的材料就這麼完蛋了。

要吊在屋簷下既不會淋到雨和夜露，又能曬到太陽並且通風的地方，像曬棉被或和服那樣曬蘿蔔。

由於曬到陽光的那一面和背面的乾燥程度會有差異，所以過一段時間要將整串蘿蔔翻一面繼續曬，讓蘿蔔整體都能平均地曬到太陽。

覺得曬得差不多了，就拔一根起來試著折彎成輪狀。如果蘿蔔的頭尾能很輕鬆地連接在一起就表示可以了。但即使蘿蔔已經很乾燥，綠色的蘿蔔葉還是含有水分。接下來就可以開始醃漬了。

這裡還有一個重點。我雖然說要買一尺五寸的蘿蔔，但蘿蔔要越細越好，不要用粗的。

越貧瘠的土地種出來的蘿蔔越好。那些勤奮的農夫努力施肥種出來的漂亮蘿蔔越是不能用。不過雖然要看起來營養不良的蘿蔔，但空心的蘿蔔就不要用。

為什麼要用貧瘠土地種出來的蘿蔔呢？其實只要吃吃看就知道，因為是在艱苦的環境中生長，所以肉很緊實，味道又香醇。再來是醃漬時拿進拿出，細的蘿蔔比較好拿。第三點，因為緊實，不占空間，所以一次可以醃很多。

還有第四點，醃漬後不會出那麼多水分，所以蓋子壓下去之後水不會漲太高，管理起來比較方便。第五，細的蘿蔔放進去醃糟糠能夠將蘿蔔完全包裹住，即使上面壓了石頭也不會那麼容易將糟糠撥掉，所以不太需要補醃。以上就是瘦蘿蔔的五大優點。

接著是醃漬。

材料是糟糠與鹽、砂子，還有辣椒粉。

砂子最好用攪拌水泥時用的水泥砂，可以去砂石店買。將砂子放在水桶中用水清洗，並將底部的砂往上撈，要洗到水完全不渾濁才行。等到攪拌起來水都不會渾濁後，就撈起來放進篩子裡曬太陽。將砂子鋪開成薄薄的一層，曬到水分完全乾燥為止。

等砂子完全沒有水分就可以了，有一點點水分殘留都不行。

再來是糟糠。糠就是米糠。一升的米糠要加二到三合的鹽。加二合鹽可以早點吃，三合鹽則可以放久一點。

假設十一月開始醃漬，如果想一月吃就放二合鹽；若是第二年夏天還不吃，到了年底也不吃，打算放到第三年的話就加三合鹽。

將鹽與糟糠混合起來。

最後是辣椒粉。基本上用純辣椒粉最好，也可以根據個人喜好用七味辣椒粉。最少要準備一升至二升。

其他還有木桶與壓蓋、壓石等工具，這已經不用我再重複了。

準備開始醃漬

首先將加了鹽的糟糠鋪在四升木桶（要洗得很乾淨並充分乾燥）的底部，厚度約一寸。鹽糠上再鋪一層帶葉蘿蔔乾。葉子的部分重疊在一起也沒有關係，但蘿蔔則不能重疊。

將蘿蔔排整齊後撒上大量的辣椒粉，即使蘿蔔看起來都變成紅色也沒關係，盡量撒就是了。接著上面再撒上鹽糠，要撒到蘿蔔完全看不見為止，就像一層薄薄的雪覆蓋大地一般。還要將鹽糠塗在木桶內側，否則蘿蔔

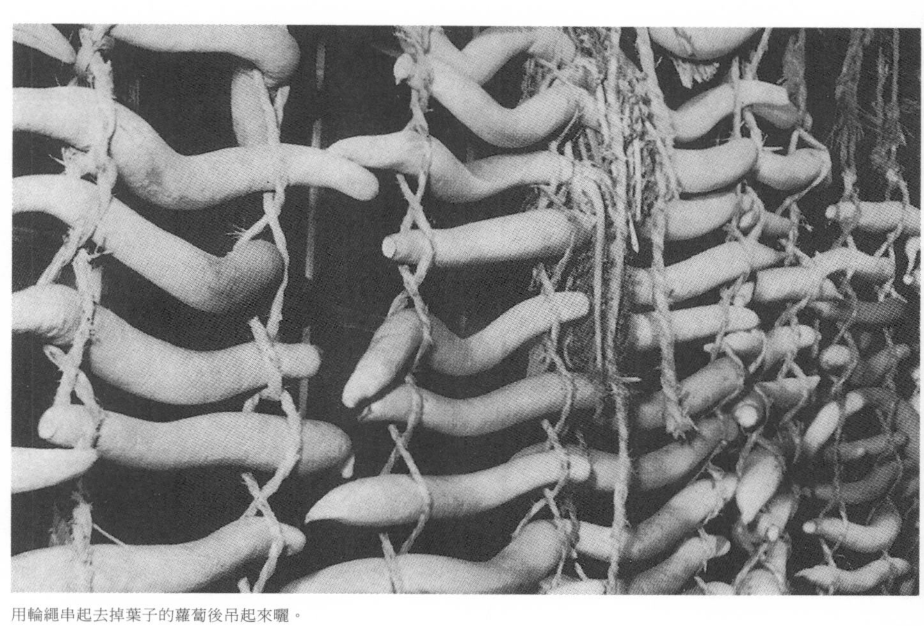

用輪繩串起去掉葉子的蘿蔔後吊起來曬。

接觸到木桶就不好吃了。所以塗一層薄薄的鹽糠將蘿蔔與木桶隔絕。

撒完鹽糠後在上面撒砂子。砂子的分量約為糠的一半，撒的時候盡量將糠蓋住。等第一層鋪好後，再以和之前同樣的順序：蘿蔔、辣椒粉、糠、砂來鋪第二層、第三層、第四層、第五層，直到木桶滿了為止。

每鋪好一層就用雙手手掌和雙拳用力壓下去，並且鋪滿一半時就將壓蓋蓋上，然後整個人站上去用雙腳用力踩。

醃漬完成後最上層鋪上厚一點大約二寸的糟糠與砂，然後蓋上壓蓋，上面壓上石頭。

這塊石頭重量必須有桶裡總重量的一倍半以上。一桶四斗木桶大約有十二、三貫，所以上面壓的石頭至少要有十五、六貫才行。

這樣醃漬工作就完成了。過幾天之後鹽水會滿上來淹過蓋子，只要有水分冒出來就要用布將水分吸乾。直到沒有水分跑出來之後，將混了鹽巴的砂子塞滿蓋子與木桶間的空隙。這樣的話即使到了夏天也不用擔心蒼蠅蚊子飛進去產卵，而且也不會生蛆。

吃法

醃醬菜就是為了要吃，所以我必須說明一下這個帶葉澤庵的吃法。

蘿蔔的部分就不需要特別說明了，按照一般吃法即可。不過由於用砂子醃過，所以吃之前一定要用水洗得很乾淨。如果沒有仔細清洗而有砂子殘留在葉子上，那麼一咬下去就會喀喳一聲，食慾都被破壞了。所以要好像有潔癖那樣洗得乾乾淨淨才行。

將洗乾淨的蘿蔔葉切碎，上面撒一點點山椒粉、芝麻以及多一點醬油。充分混合在一起後放入缽中，用手壓一壓，再放置五、六分鐘。芝麻最好用黑芝麻，顏色看起來比較漂亮。如果是煎過的芝麻最好先磨過才比較香。

等差不多入味了，就可以盛入別的容器中端上餐桌了。

我家有放了十五年的帶葉澤庵，過年時剛好拿出來招待客人。鎌倉地方文人雅士舉辦新年宴會時我也提供了一些。大家吃了都說只要有了這個帶葉澤庵，就不需要其他下酒菜了。在吃最後的茶泡飯時也說其他配菜都不要，只要帶葉澤庵。將所有澤庵都吃得一乾二淨。

至於吃的時候加的調味料，畢竟各人口味不同，故可隨喜好添加。依我過去的經驗來看，山椒和芝麻是最適合的。

人通常必須是自己有興趣的事才會做得好。烹飪亦然，所以就讓讀者自行發揮吧！

1 桃山時代至江戶前期的日本僧侶。

〈醬菜補講篇〉

澤庵

（補講第二篇）

我在《醬菜大學》中已經對澤庵做過充分說明，但還是在此做一些補足。

現在我家每天早晚吃的澤庵，特別在木桶上註明了：「現在食用」。這批是昭和二十六年[1]醃的四斗桶第三號，也就是五年前醃的第三桶澤庵。

「按照醃漬順序吃是不錯啦，但我偶爾也想吃吃新醃的澤庵。」愚妻發了這樣的牢騷。

於是她將新醃的澤庵拿出來，自己切了幾片吃。

「新醃的吃起來果然風味還不到家，而且似乎要吃比平常多一倍的量，否則總覺得不夠。」吃完後她發表了這樣的感想。

講完這種「吃米不知米貴」的話，她又回頭吃舊的澤庵了。但就像她說的，越是陳年的澤庵越有一種深藏不露的味道。不過要保存五年必須花相當的工夫，並且要照顧得無微不至。隨著歲月的流逝，桶子裡的澤庵會越縮越小，並且其中也會漸漸開始蘊含獨特之味，而這種紮實的味道才是澤庵最寶貴的價值。如果桶子裡像肥料桶般冒出蛆的話，這批澤庵就不

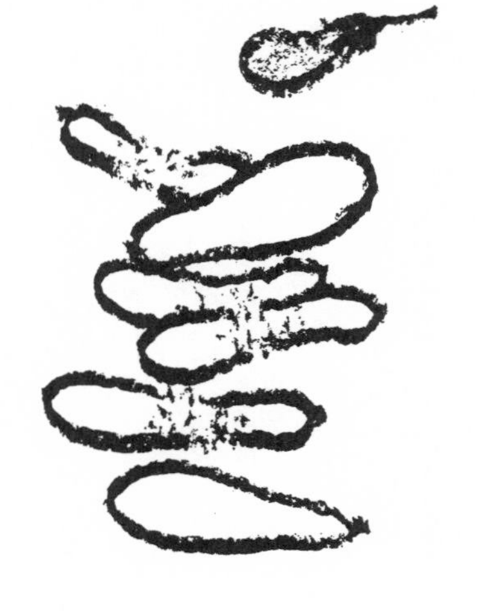

及格了。

醬菜放得越久，只要吃少量就能獲得飽足感。而要讓醬菜保存這麼久，管理是最重要的。

不僅是澤庵，所有醬菜的保管方式都需要仔細保管。尤其放在木桶裡醃的醬菜更需要隨時注意。

要像愛護客廳的裝飾品一樣細心照顧醬菜，把木桶打理得清爽乾淨，隨時都能讓客人參觀才行。

如果壓蓋和壓石上積了灰塵也是不及格。木桶內側是不用說了，即使是外側到桶底都要當成自己的肌膚般勤於擦拭，否則無論醃漬的方法再正確，也無法保存五年到六年。

醃漬用的蘿蔔和日曬方法

在我家，每年到了秋天就會向蔬果店訂購至少一百貫蘿蔔。不過因為我買下了約一町步[2]的菜園，所以自己種了五百貫以上的蘿蔔。

這樣一來我有充分的蘿蔔可以醃帶葉澤庵以及普通的澤庵了，不過我不會種像練馬蘿蔔那種笨重的大蘿蔔。

我種的蘿蔔都是長度不超過一尺五寸的細蘿蔔。

即使是蔬菜店專門用來醃澤庵的蘿蔔，我買回家後也會再曬一次。這是因為這些蘿蔔的水分還很多，無法圈成輪狀，所以至少還要曬兩個禮拜以上。

白天拿出去曬，晚上就要收進來，否則沾了露水蘿蔔就會有空洞，並且會腐爛。

在曬太陽的時候要注意蘿蔔與蘿蔔之間要有空隙，用繩子綁成梯子狀再曬起來。如果讓蘿蔔與蘿蔔間太過緊密，則接觸到的部分會濕掉長出紅色的黴，並且會開始腐爛。所以曬的時候一定要保持乾燥。

然後邊曬邊將每一根蘿蔔都折起來試試看。拿住頭和尾將蘿蔔圈成輪狀，如果蘿蔔很柔軟，很輕易地圈成一個圓形，那麼就抓住蘿蔔頭，將蘿蔔像鞭子那樣用力甩。

鄉下將這種狀態稱為「馬之珍寶」，當蘿蔔軟到再怎麼甩也不會斷，才可以將綁著的繩子拆掉，收進通風良好的室內。然後將蘿蔔排在草蓆上等其他的蘿蔔曬好。

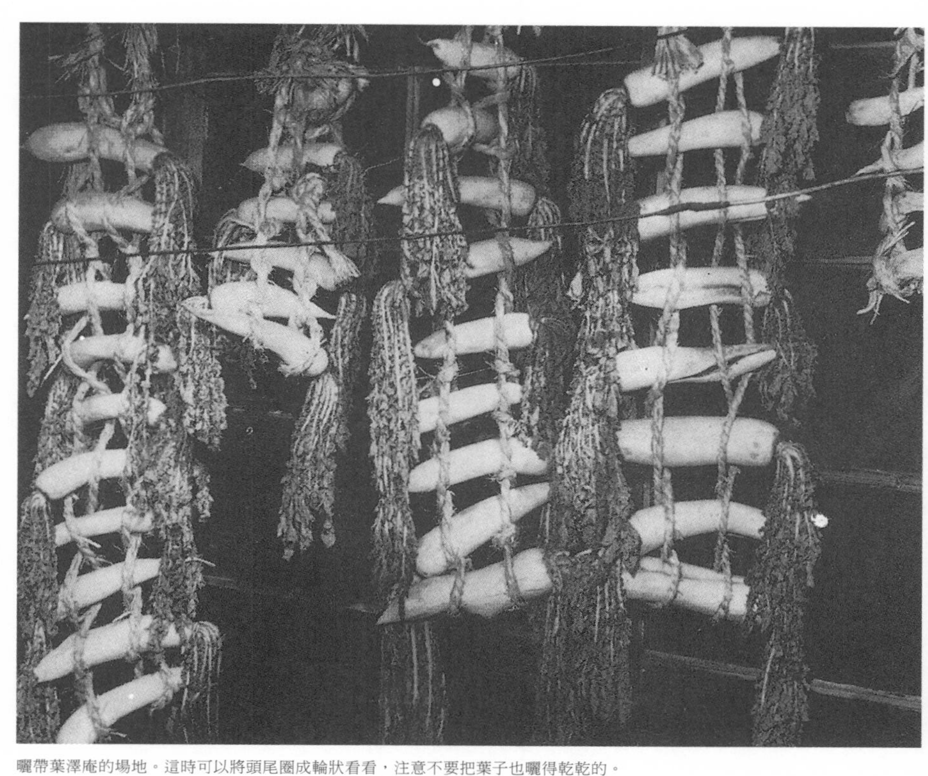

曬帶葉澤庵的場地。這時可以將頭尾圈成輪狀看看，注意不要把葉子也曬得乾乾的。

這時不能拿任何東西蓋在蘿蔔上，否則蘿蔔會潮濕變得黏答答。

蘿蔔也和人一樣，每一根的個性都不同。有些蘿蔔很快就乾燥，也有的蘿蔔拖拖拉拉地就是不乾。

還有一種蘿蔔是尾巴已經乾得像海螺，然而中段卻不管過多久都水水的。這種是中風型。

這種蘿蔔就不能用來醃成澤庵，我會立刻將其淘汰，改醃成三角醃。

醃澤庵的蘿蔔就是要這樣曬。不過在蘿蔔全部曬完之前要先將木桶準備好。

木桶的準備與壓蓋

木桶要用筷子連縫隙都清得乾乾淨淨才行。還有桶底的凹洞也要洗，洗到整個木桶就算用放大鏡看也看不到髒污之後，再拿到太陽下曬。要先曬桶底，然後再翻過來曬桶子內部。曬好之後在裡面裝滿水，檢查看看有沒有會漏的地方。如果開始醃漬後鹽汁卻漏出來的話，裡面的醃澤庵就毀了。所以木桶的內外都要塗上澀柿子汁，以增加木桶的耐久度。這點很重要。

接著是準備壓蓋。要準備兩種，一開始要用大的，等到開始取出來吃之後就換成小的。

澤庵到全部吃完之前都必須用壓蓋壓住，所以蓋子必須做得很堅固。之後我會介紹做蓋子的方法。

壓石

接下來是壓石。四斗桶至少要用三十貫的石頭來壓才行。

所以我家裡十三、四貫的石頭就有兩百個左右。

不過這些石頭上都寫著「阿龜」、「彥六」、「祖母山」、「甲冑」、「久住」、「無恥女」、「聖人」、「多摩」、「石舟」、「秋川」等形容詞或地名。這是因為之前我家裡那些年輕人總是搞不清楚我叫他們拿哪塊石頭。

所以我就改用石頭的出產地或外型特徵來稱呼它們。例如：「在那個木桶上壓阿龜和彥六，二號桶則放無恥女和聖人」。

下人聽了就會告訴我：「聖人現在沒空，只有壽老神在家。」「那就用壽

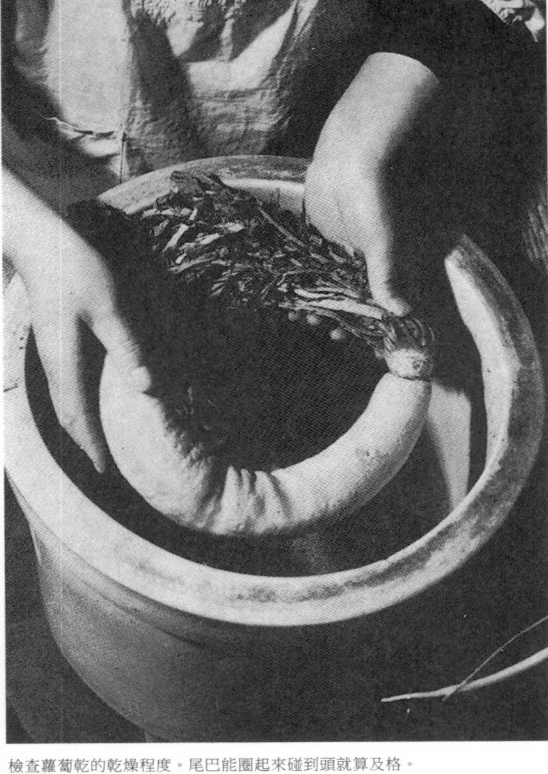

檢查蘿蔔乾的乾燥程度。尾巴能圈起來碰到頭就算及格。

老神加上阿龜，不然用無恥女會太重。」像這樣只要憑石頭的名字一查本子，立刻就知道使用狀況和石頭的重量，非常方便。

前一陣子我去掃菊池寬的墓，順便開車到東京近郊的五日市，從秋川撿了一些壓石回來。

在車上放了五顆石頭，輪胎就扁了。回到家我秤了一下，平均一顆石頭有十五貫的重量。清流裡的石頭看起來都很乾淨舒爽。

1 西元一九五一年。

2 日本舊時採用的面積單位，約為九九一七·四平方公尺。

〈醬菜補講篇〉

七尾的澤庵

昭和三十一年[1]三月二十日這天，池袋的文藝坐舉行了落成典禮。那天晚上股東之一的「天聲人語」作者荒垣秀雄君在我家喝了一整晚酒。由於我也很疲倦，因此想趁送荒垣回家時順便離開東京在哪裡住一晚。於是第二天二十一日早上，我與妻子乘著荒垣的車出門。

我們先一起坐到荒垣位於神奈川縣茅之崎的別墅，等荒垣換好衣服後繼續把車開到熱海。在半路上荒垣告訴我們熱海有一家工作人員全是女性的旅館，問我們要不要去看看。於是我們在荒垣的帶領下，於黃昏時分抵達了「南光園」。荒垣在車上告訴我們，這家旅館的經理是一位叫中田的女士，不但漂亮又善解人意，所以我們很期待地入住了這家旅館。

中田信子經理身穿白色條紋和服，外面披了一件茶色袍子。留著赫本頭，身形修長，看起來的確很時髦。

我從她招呼我們時的態度動作，已經想像出晚餐大概會是什麼樣的味道了。

我心想：「原來如此，地方的縣長級人士和中央的院長級人士一定很喜這家旅館的料理。」並在泡澡時把我的想法告訴妻子。

「糟了！我應該把家裡的醬菜帶來才對。」我又說。

「我相信這裡的料理至少看起來很美味。」妻子回答。

妻子聽出我的弦外之音了。我之所以會提到縣長和院長，是因為這些人可說是「只重外表」的最佳代表。

「聽說熱海有好吃的澤庵，我叫來吃吃看吧。」

以前聽來我家拜訪的客人說熱海的澤庵很好吃，剛好我想起這件事。我認為不管是口碑再好的食物，一定要自己親自吃過才能判斷。

通常旅館的料理都沒辦法滿足我，因此實在沒辦法要在外面過夜時，我都會帶著自家的味噌和醬菜。

我點的菜並不是什麼豪華料理，不過就是豆腐、油豆腐、味噌湯和青菜這些簡單的東西。但不知道為什麼，大部分的旅館都不太願意出這些菜。

大概是他們覺得這些東西太便宜，不好意思收錢，不然就是嫌料理這些太麻煩了吧！

晚餐時間到了。擺在餐桌上的菜就如同我的預測，和一般旅館的料理差不多。不過看起來很有時尚的感覺，果然是中田經理的品味。

這家旅館的員工都是女性，所以廚師一定也是女的，不過並不是中田女士。這時我突然想起荒垣曾經說過，女性每個月都會來潮，那時做的菜味道就會走樣。

除了原本的料理，我又多點了豆腐、韭菜和辣椒（辣椒切段），以及熱海的澤庵。結果旅館說現在沒有韭菜，我只好換成大蔥。

夏季蘿蔔的春季曝曬。請參考〈春若蘿蔔〉（《醬菜大學》）。

我一邊喝酒，一邊用醬油加辣椒淋在豆腐上，然後配著蔥花一起吃。荒垣也吃得津津有味，因此我們又叫了一塊豆腐。

豆腐不要先用菜刀切塊，要吃的時候再用筷子夾成合適的大小，然後夾一撮青蔥花放在上面，沾辣椒醬油一起吃。

我一定要先這樣讓舌頭振奮一下，才吃得下別人家的料理。

顏色即滋味

這時服務生端來一碗澤庵，裡面還帶著糟糠。

我一看就說：「這個澤庵雖然很甜，但應該還可以吃。」

我只要憑顏色就能判斷味道。當時我完全沒有對糟糠的味道做任何評論，在此我也略過不提。

這個澤庵有點著色太重了。這下我知道這種澤庵雖然是鄉下地方醃的，但已經商品化了。所以雖然我剛才說看起來還可以吃，但沒吃就無法判斷。一吃之下果然太甜。

不過味道並不差。如果裡面沒加著色劑和甘味劑的話我一定會讚不絕口，可惜並不是。

「這是七尾地區的農家醃的。」中田經理對我們說明。

「今晚吃的是廚房剩下的。明天早餐之前我們會特別去拿一些回來。」她又說。

我只要有澤庵與味噌湯，其他什麼都不用了。如果貪心一點，還希望有燉蔬菜，至於魚啊肉的我是一點興趣也沒有。

「如果有什麼想吃的食物請儘管吩咐，我們會盡量以家常風來烹飪。」經理這麼說。

「那麼可以給我一盤苦瓜豆腐嗎？」我說。

第二天早上，我們夫妻與荒垣是分開用餐的。廚房將我點的苦瓜豆腐與豆皮一起煮好端上來。味道很好。

雖然吃起來太甜，但這也顯出廚師非常努力。

「大概一般客人就是喜歡吃這種甜甜的味道吧！」我對妻子說。

「可是豆皮能煮出這種味道已經算很厲害了。」妻子說。

的確，無論是煮法、調味、苦瓜本身的味道都不錯。如果能少加點糖，就更能吃出苦瓜的原味了。

到這裡都還沒問題，但味噌湯卻讓我們大失所望。妻子只喝一口就不喝了，而我因為沒吃飽，所以把妻子的份也喝完了。但我的感想是：「這是什麼？」喝起來根本不像味噌啊！

「幸好還有澤庵。」

話雖如此，但總不可能真的只吃澤庵。一個人頂多吃個三、四塊也就差不多了。

不過光靠這三、四塊澤庵不但讓我胃口大開，也給了我飽足感，所以不得不感謝它們。

「澤庵很好吃。」這是我自然脫口而出的感謝之語。

我不知道我總是這樣有話直說究竟對不對，但衣食住是人類生活的基本條件，也是三大要素。所以我認為吃了食物後沒有說出真實的感受，就是對自己的人生不忠實。

去各地旅行時，常會聽人驕傲地介紹說「縣長也常來」或是「某院長吃了我們的某種料理非常滿意」。

但通常這種炫耀或名產多半是知名旅館不實的宣傳。內在粗野之人即使表面有院長之類的光環，我們仍然可以藉由自身內在藝術之心，透過烹飪這項人生藝術來判斷出這個人的人格。

我曾經有幾次去縣長和院長級的人家裡吃飯。然而他們家的菜從來沒有讓我感動過。唯一有一次，我在栃木縣長的官邸中吃到醃得很實在的醬菜。聽到我讚不絕口，身為主人的小川縣長還說：「有人說稱讚主人家的醬菜是很沒禮貌的。看來你是個怪人。」

我問他其中原由，他笑著說：「因為俗話說會醃醬菜的女人『味道』一定很好啊！哈哈哈！」

我是不知道他家醬菜是什麼地方的口味，但由醬菜可以吃得出來他的夫人一定是位賢淑女子。

由此我發現，能夠將鹽醃做得這麼好的女性一定非常賢慧。事實上這位縣長已經是連任第二屆了。我很少見過其他的縣長家中有這樣的賢內助，因此特地在此寫出來。

雖然含義有些不同，但我還是對南光園表示七尾的澤庵「很好吃」。她們應該是將我說的話記在心裡，吃

避開雨和霜，吊在屋簷下曬的蘿蔔（參閱本文）。

完早餐要出發時，中田經理用很遲疑的語氣說：「我剛才和荒垣先生說想送您一些七尾的澤庵帶回去，可是荒垣先生叫我別傻了，說您家裡有幾十種澤庵。但我已經交給荒垣先生的司機了……」

我心想荒垣真是多此一舉。

「荒垣比較細心才會這麼說。難得您這麼有心，我會很高興地帶回去的。」

謝過經理，我便將車子裡裝的許多澤庵帶回家了。現在我將它們放進家裡砂醃澤庵的大桶子裡重新醃。這是為了用砂子去除甜味和上面的黃色。

這個七尾澤庵雖然曬的時間稍短，但鹽的分量剛剛好，用的蘿蔔也小小的，壓得也夠緊實。

經過我的重新醃漬，三年之後這批澤庵將會變成完全不同的味道端上我家的餐桌。而每次吃這個澤庵時我就會憶起中田經理吧！如果七尾澤庵用的是像東京練馬出產的那種胖蘿蔔，我就不會費心重醃及儲藏了。

千萬不要忘記，澤庵一定要用細小的蘿蔔才行。

1 西元一九五六年。

〈醬菜補講篇〉

源平澤庵

我家有一種「源平澤庵」。「源平」是白色與紅色的意思。

這個源平澤庵又分成兩種。一種是醃成甜味，另一種是醃成辣味。

甜的是用甜柿醃。利用柿子的甜味讓蘿蔔變甜。

辣的則是充分利用辣椒的辣醃出來的。這種源平澤庵不但能促進食慾，原本還是用來做下酒菜的，所以要把沙丁魚放進去一起醃。

甜味源平的醃漬方法

將一批長一尺以下的蘿蔔吊在屋簷下曬。曬法與一般澤庵相同，但注意每個蘿蔔之間一定要有大一點的空隙，讓曬好的蘿蔔顏色白一點。

當蘿蔔曬至約六成乾時，再吊曬一批也是一尺以下的紅蘿蔔，數量大約是蘿蔔的三分之一。由於紅蘿蔔乾得比蘿蔔快，所以晚一點再曬，這樣可以與蘿蔔同時曬完取下。

當能夠圈成輪狀後就將蘿蔔與紅蘿蔔取下。同時準備用來醃漬的糟糠。

一升糠就加入三合鹽，然後放進大鍋中烤。由於糟糠裡有油分，所以要烤乾需要花不少時間。要有耐性地持續攪拌，不要讓糟糠烤焦。煎到糟糠變得香香脆脆為止，注意不要燙傷。

抓一搓起來放在掌心，如果乾乾鬆鬆的就可以熄火。但若手心還感到有油分，就必須繼續烤。

接下來要準備甜柿，數量為蘿蔔的三分之一。將柿子切成厚度約三分的片狀，並把核挑出來。如果連核一起醃會有澀味，所以要仔細挑乾淨。

前述材料都準備好就可以開始醃了。

在桶底鋪上烤過的糟糠，然後放三根蘿蔔、一根紅蘿蔔。放好一層後上面鋪上一層甜柿子片。

接下來鋪一寸厚的糟糠，再放第二層的蘿蔔與紅蘿蔔。就這樣一層層將所有材料放進去。最後的壓石必須要重一點，然後至少放半年才會入味。

取出食用時要維持蘿蔔三根加紅蘿蔔一根的比例，俐落地切片後放進盤子裡。白澤庵加上紅澤庵不但看起來賞心悅目，味道也好。用重一點的壓石壓著，過了五年後拿出來吃會發現紅蘿蔔的味道非常紮實，風味又高雅。這就是源平的柿子醃。

這個用來醃漬的糟糠之後還可以拿來做「糟糠味噌」，醃出來的糟糠醬菜會更美味。

辣味源平

使用的蘿蔔和紅蘿蔔與甜味源平是一樣的，不過因為這是辣味，所以還要用辣椒與胡椒。如果是一升的糟糠，就加三合鹽、一合辣椒與半合胡椒。

將這些調味料與糟糠混合後攪拌均勻，然後也用大

三角醃醬菜開蓋了。裡面是雜七雜八醃。

鍋烤至乾鬆。

在煎烤時辣椒會很刺鼻，所以最好帶上口罩，否則會一直打噴嚏。

如果想醃成更奢侈的醬菜，一升糟糠中還可以多加一合山椒粉進去，味道更佳。

再來是沙丁魚。

其實不一定要沙丁魚，用竹筴魚也可以醃出不同的感覺，甚是有趣。這兩種魚都是先去頭，將肚子內臟挖出來後塗上等量的辣椒與鹽巴，然後堆疊在一起。

接下來要開始醃漬了。

醃漬的方法和甜味源平相同。將蘿蔔、紅蘿蔔排好，然後在每一根之間放一條魚。醃漬期間的管理方法也和其他種類的澤庵相同。這種澤庵也是要醃至少半年才會有味道。

放了五年、七年之後，它的味道會比甜味源平更佳。

蘿蔔和紅蘿蔔的吃法與其他澤庵一樣，而沙丁魚或竹筴魚則有各種吃法。

可以把魚洗乾淨後拭去水分，切成薄片後搭配蘿蔔一起食用，也可以用醋醃了吃，還可以放在網子上烤一烤再吃。喝酒時與其配一些不怎樣的下酒菜，還不如吃「辣味源平」。很多人都說喝酒時只要有這個就夠了。

辣味源平醃漬一年之後吃起來是新

收拾梅子。將曬好的梅子收起來，筍子也要同時一起收。

鮮的味道，而過了兩年、三年之後裡面的香辛料已經融合在一起，就展現出一種和諧的特殊風味。如果想醃漬數年後再吃，那麼四斗桶需要用三十貫以上的石頭壓住才行。

而剩下的老糠拿來做「糟糠味噌」是特別好。我家的「糟糠味噌」之所以有一種與眾不同的風味，就是因為我每年都會加一些這種老糠進去補充的緣故。

〈**醬菜補講篇**〉

竹筍澤庵

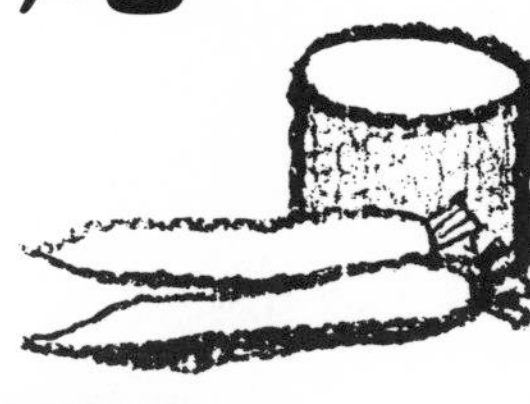

我曾經有一次靈光一閃，想到可以做竹筍澤庵。於是將竹筍烤過後曬乾，然後混進源平澤庵中醃漬。

我將竹筍澤庵拿給客人吃，結果沒有一個人馬上就吃出這是竹筍。

即使吃到筍節，能判斷出這是竹筍的人也不多。

將竹筍用炭火薰得乾乾的再醃，口感會產生很大的變化，變得既硬又脆。所以可以拿一兩塊放進嘴裡體驗一下它的咬感，也算頗有情趣。

吃完之後喝一口好茶洗洗舌頭，會有一種洗去百毒的清爽感覺。

由於竹筍性潔淨又帶苦澀，因此吃完後口中清新舒爽。

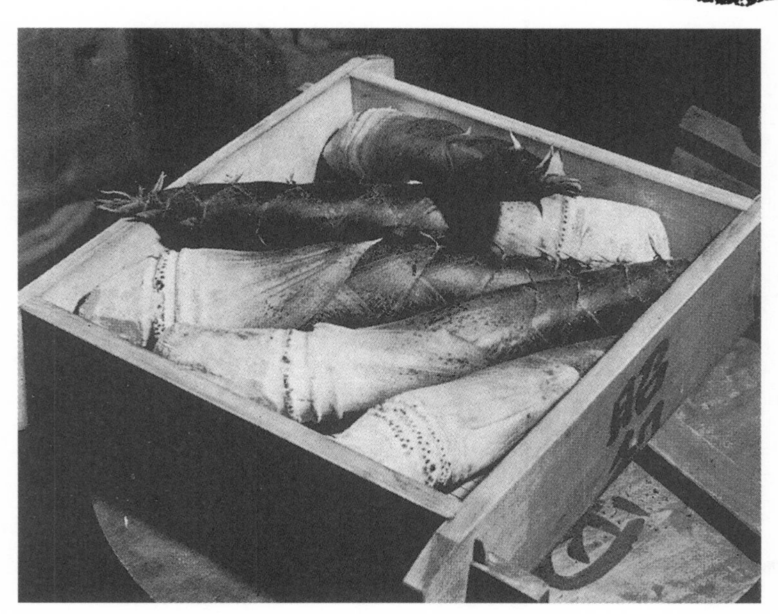

竹筍澤庵乃世間珍品。現在正在蒸。

〈醬菜補講篇〉

沙丁魚醃澤庵

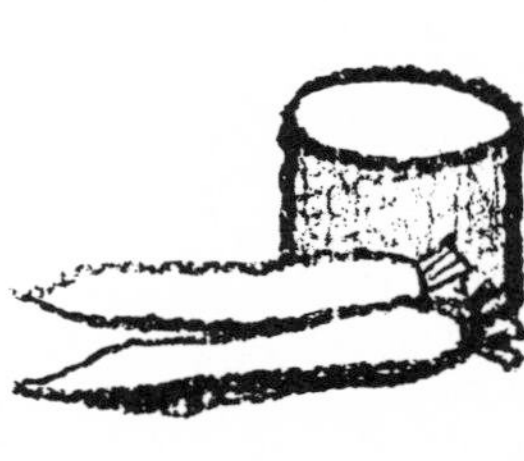

北海道有一種鯡魚醃澤庵，是將鯡魚與蘿蔔同時醃漬起來的澤庵，味道很特殊。有些是將鯡魚和斜切的蘿蔔一起醃，也有的是與切塊的蘿蔔一起醃。

然而因為醃漬的人不同，味道自然也不盡相同。有的很好吃，也有的吃起來很腥。

蘿蔔可以生吃，但鯡魚要烤過再吃才行。有人會把醃過的鯡魚拿起來直接吃，但我沒辦法。烤過的鯡魚很美味，可是澤庵裡的鯡魚是生的，所以不好吃。

我家的「沙丁魚醃澤庵」就沒有腥味，因為沙丁魚和蘿蔔都可以直接生吃。當然吃之前要先將上面的糟糠洗乾淨。

這種澤庵用的蘿蔔一樣要選越細瘦的越好。曬的時候也是要讓它們充分的照射陽光。

等蘿蔔準備好要開始醃漬時，先準備與蘿蔔同量或半量的中條沙丁魚。

將沙丁魚切成三片，然後放進加了薄鹽的醋裡醃。等魚肉在醋裡變得緊實，就取出與蘿蔔一起排放在糟糠裡醃漬。

蘿蔔與沙丁魚要排列整齊。排好後撒上大量辣椒粉，要將蘿蔔與沙丁魚完全覆蓋至看不見為止。撒完辣椒粉後上面再撒上一些米麴，再放進糟糠中醃。桶底約鋪一寸左右的糠，做法與一般澤庵相同。糟糠對鹽的比例是一升糟糠加三合鹽。

材料都放進去之後，「沙丁魚醃澤庵」的壓石也是和普通澤庵一樣，重量要有材料的一倍以上。

至少要放置六個月味道才會好。若是秋天開始醃漬，那麼次年的梅雨季結束時就可以吃了。

由於加了三合鹽，故可以保存三年以上。但放太久的話味道會變差，所以最好在兩年之內吃完。

盛夏食慾不振時，這種沙丁魚醃澤庵很能讓人胃口大開。

將沙丁魚切塊後淋上好一點的醬油，不但可以做為下酒菜，取兩三塊配飯吃也相當下飯。除了醬油外還可以依個人喜好加上其他調味料，又是另一番風味。

在我家，會將這種沙丁魚和糟糠醃松茸一起盛在小盤中，淋上芝麻醬油後給客人吃。這不但很適合搭配茶泡飯，也很下酒。

曬醃漬用的糟糠以消毒。

我要再三強調，醃這種澤庵也不能用太胖的蘿蔔，盡量選細瘦的。

前陣子角澤道場邀請我去參加他們的開堂式。法華經寺的總住持宇都宮長老及其他幹部也到場一起參加了法會。當時有一位叫山內的長老對我說了這麼一席話：

「我還是小和尚的時候，我師父總是要我幫他一起醃澤庵。而每次師父都用瘦弱的蘿蔔醃，所以我一直認為師父很小氣。可是大家都說師父醃的澤庵很好吃。

「可是我這次看到您刊登在《大法輪》上的文章，不禁對我誤以為師父很小氣這件事深深懺悔。我一直活到這把年紀才知道醃澤庵要用小蘿蔔，真的很對不起我師父。」

其他長老聽了也紛紛向我「告解」，接著大家很自然地開始熱烈討論醬菜。而我也到這天才知道，原來即使是如此德高望重的長老們也都誤以為蘿蔔要又粗又大才好。看來《大法輪》還真是造了功德一件。

糟糠醃沙丁魚與蘿蔔。

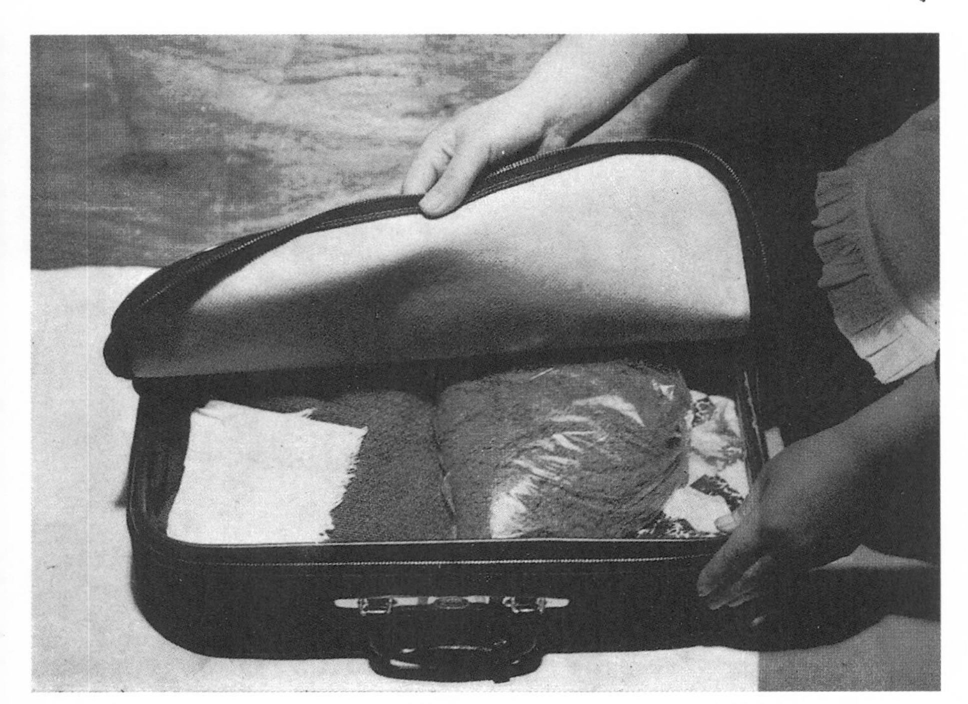
如以上照片所示，將糠床裝入塑膠袋裡隨身攜帶，那麼無論旅行至何處都可以將手提包裡的糟糠醃拿出來吃。

〈醬菜補講篇〉

白菜的富貴醃

只要是結球白菜都可以，但最好是用山東大白菜，而且是用下過霜之後收成的山東白菜。沒有覆蓋過霜的白菜不夠緊實，味道會不穩定。所以必須是十二月底到一月都還在田裡的白菜。

將一顆白菜切成四份，曬半天的太陽讓水分蒸發。這個步驟與其說是讓水分蒸發，真正目的應該說是將水分蒸發後讓白菜變軟一點，所以至少要曬半天，最好能夠曬一整天。

曬完之後一顆白菜灑上半合左右的鹽，放進木桶裡醃。盡量將剖面朝上整齊地擺放，要擠滿木桶。

全部放進木桶後蓋上壓蓋，上面放一塊越重越好的石頭。

過了三、四天白菜就會出很多水。這時候為了讓味道醃漬平均，將所有白菜取出來重新放進去醃。

這個步驟只是將白菜位置整理一次，讓醃

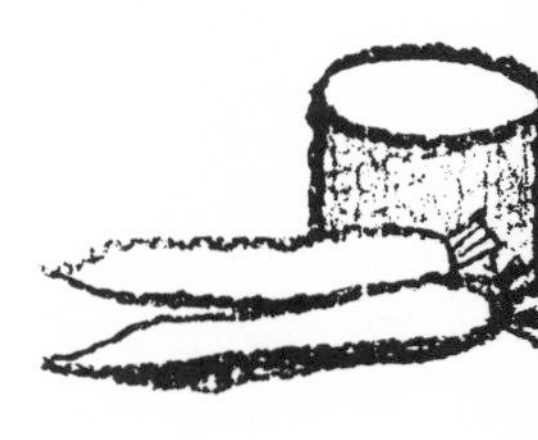

富貴醃。正添加香料進去。

出來的味道平均，所以直接放入原來的汁水中即可，不用再加鹽。只要將白菜原本放置的高低順序換過之後壓上蓋子就好了。

放置兩個星期後開始正式醃漬。

將一升糟糠與二合鹽混合均勻。用鹽水醃過的白菜則將汁水擠出後放進糟糠中醃。

這時的白菜因為用鹽醃過，正是食用的好時機。然而我們卻不吃它，反而要繼續醃出更好的味道。所以這種醬菜才被稱為富貴醃。

在木桶裡鋪上薄薄的一層糠，再將擠過汁水的白菜整齊地排放上去。排好之後上面撒上一整片鮮紅的辣椒粉。

辣椒粉上再灑上些許山椒粉，山椒粉與辣椒粉的順序也可以顛倒過來。

雪白體菜的快速醃。用水洗後用鹽平均醃漬。

之後再覆蓋一層厚厚的糟糠，並將它用力壓緊後上面再鋪白菜。

就這樣一層一層鋪至最上層。每一層鋪完後都要用力壓緊，尤其木桶壁上的糟糠要特別用力壓。

一定要記住的是白菜從鹽水拿出來後汁水要擠乾淨丟掉。這個汁水中因為含有水氣，會引起腐敗，所以要盡量擠掉。

醃漬的步驟完成後蓋上壓蓋，並且站上去用腳踩一踩讓蓋子能平均壓住白菜，最後壓上石頭。

壓上石頭後用塑膠布或油紙包住木桶，再將桶身綁住防止蚊蠅和飛蛾飛進去，之後便放置一段時間。

等梅雨季結束開始變熱，就可以拿出來吃了。

裡面不但鹽分夠多，再加上辣椒和山椒粉等調味料的味道已經都醃進去了，所以即使在炎熱的夏季也很能開胃。

只要把它當成高級的白菜澤庵就對了。最妙的是即使過了兩、三年，它的味道也不會變。

如果想去掉一些鹽味和辣味，就提早一點拿出來用淡鹽水泡一下。一定要用淡鹽水，用舌尖舔一舔，嘗得出一點淡淡的鹹味就行了。

還可以去掉更多鹽分後加入切碎的紫蘇葉和茗荷，然後淋上芝麻醬油後裝在盤子裡，不但可以搭配茶泡飯，也可以用來下酒。我家夏天時會以此招待客人，總是大獲好評。

提早醃夏季醬菜。照片中正在切雪白醴菜。

〈醬菜補講篇〉

醬菜的土用整理

今年是在七月二十日進入土用期。

土用的季節在全日本各地都是整理醬菜的好時機。

在梅雨季醃漬的梅子也要在土用期間曬成梅干後儲藏起來。在土用季節充分曬過太陽的醬菜不但不會長蟲，也能夠長久保存。

今年我也用梅醋醃了六斗梅子、十貫竹筍、十貫生薑，還有十貫的蓮藕、白色花椰菜、球芽甘藍。

去年由於紫蘇長得不好讓我很傷腦筋。此外我用的常陸梅[1]品質也差，結果醃出來顏色很不好看。

而今年不但紫蘇長得好，我也改用上州梅[2]，所以醃出很多梅醋。

如果梅雨季的一開始沒有下雨，這一年的梅乾就不好。雖然大家都說今年和去年一樣都是豐收年，但那指的是米的收成。像去年的紫蘇完全沒有色素，根本無法用來著色。

而今年的紫蘇顏色就很漂亮，將白花椰菜染成夢幻般的紫色。不過我第二次補充的紫蘇是天氣放晴後才長成的，所以品質也不好。紫蘇還是要下雨天才長得好。

梅干的管理我會另外說明。而除了梅干之外，鹽醃、糟糠醃、麴醃、味噌醃、燒酒醃、醋醃等的醬菜全都要整理一遍才行。

四斗桶、二斗桶、一斗桶全部加起來共有六十桶；瓶子、甕則有一百數十個。要在不到兩個星期的土用期間內全部整理完，是相當吃力的工作。今天（十二日）已經進入立秋幾天了，但我家的女性們還為了整理芥末醃和辣椒而忙得團團轉呢！

土用整理醬菜有一個樂趣，就是時常會發現一些被遺忘在角落的醬菜。基本上無論是放在甕裡、瓶子裡或木桶裡，上面都會有標籤。但有時有些容器上的標籤可能漏貼或是掉了，每當看到這樣的容器，一邊猜「這裡面是什麼呢？」一邊將蓋子掀開的那一刻最是有趣。

打開蓋子一看，裡面可能是以前作實驗醃的「嘗味噌」或是芥末味噌。我今年就發現去年釀的嘗味噌，還有前年為了測試硬度所醃的兩甕蕗蕎以及五甕的芥末醃。

「嘗味噌」是加了小麥麴、醬油、味醂和其他香料進去釀的。一般的嘗味噌放了一個土用之後多半都會變得乾乾的。

但我今年發現的這一批嘗味噌充分展現了味醂和砂糖的味道，所有的調味料都入味了。

蕗蕎則是我大前年採收的蕗蕎。我

為了節省壓石，我將木桶重疊起來放。

嘗試一開始就把它們丟進辣椒醋裡醃漬，藉以實驗能否因此更加強蕗蕎的硬度。今年打開來一吃，果然非常硬。這個實驗結果讓我很滿意。

其他我發現的還有五甕的芥末醃。原本我貼在甕上寫著醃漬月日和內容的紙張，由於鹽巴發黴已經剝落而看不清了。但我將封住甕的油紙一拆，馬上一股芥末的香味撲鼻而來。

甕裡是帶著鮮艷紫色的茄子和翠綠的黃瓜，此外還有韭菜、昆布、青海苔等。

其中只有兩個甕是無法判斷醃漬年分的。

我還去查了我家的醬菜紀錄本，但也找不到這兩甕的紀錄。我猜應該是二十六年分的吧！

像這種都算是好的發現。有時也會有不好的發現。

1 茨城縣產的梅子。

2 群馬縣出產的梅子。

去鹽後的澤庵與種子人參。

將儲藏的食材去鹽。

〈醬菜補講篇〉

愛喝燒酒的老鼠

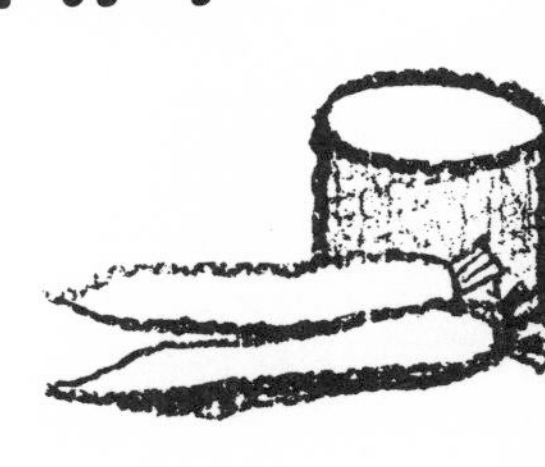

這裡說的老鼠並非真的老鼠，而是人類中的鼠輩。梅子的「燒酒醃」就是俗稱的梅酒，是一種可以消暑的飲料。我每年都會醃三到五瓶的五升瓶梅酒。

快要進入梅雨季之前，我為了要指揮木工做事而進了醬菜倉，結果發現儲藏櫃下的水泥地上有一顆蕗蕎。看起來是剛掉在地上不久，地上還留著一點一點蕗蕎汁水濕濕的痕跡。我撿起來一看，應該是剛從瓶子裡掉出來的。

當時我家住著某寺廟住持的次男，還有妻子的外甥等四、五名學生。其中一名學生是我出家時期的師兄的次男，名叫河村，是就讀東洋大學的大學生僧侶，我讓他在我們家管理醬菜倉庫。由於他剛好在場，我就問他：「有誰把蕗蕎拿出來過嗎？」

他說不知道。

「連你也不知道，這就奇怪了。」我說。

後來我又問了八名女傭，沒有人知道這件事。

於是我又看了一次櫃子，發現最下面一層是濕的。我用手指沾了一點，一嘗之下，原來並不是蕗蕎的汁水，而是梅子燒酒。梅子燒酒是放在最上層，而蕗蕎則是在中間層。這表示有人將梅子燒酒的瓶子抱到最下層，然後將其打開。

「奇怪，是誰把梅子燒酒打開的呢？」我又問了一次管理醬菜倉的河村，他還是說不知道。

問其他的下人，大家也都說沒有碰。

「不可能，你們自己到醬菜倉去看。」我說。

但卻沒有一個人去看，看樣子他們都知道是怎麼回事。「哼哼，一定有人偷喝。」我心想。

「剛才我進來時剛好和一個人擦身而過，那是誰啊？」我問河村。

「是阿健。」他說。

「是健治啊！馬上叫他過來。」我對河村說。於是他把健治叫來。

健治也和河村一樣是來投靠我的。他是妻子的外甥，目前也在東洋大學就讀。

「你剛才背對著我走出了醬菜倉。我問你，你有把蕗蕎拿出來嗎？」我問他。

「我沒有碰蕗蕎。」他拼命否認。

「是嗎？沒碰就好。喂！河村，看來這顆蕗蕎是自己從瓶子裡飛出去的。東洋大學是由已故的井上円了[1]老師所創立的，而井上老師可是以研究幽靈學而聞名。怎麼樣，你覺得這件事是不是幽靈做的啊？」我問他。

結果河村回答：「大概是寶雲還是誰做的吧！」

寶雲是我十一歲出家時的師父的次男。明明實力不夠卻誇口要考東京大學，現在在上神田的補習班。他是追隨河村到東京來的，但河村因為父親是寺院住持，所以曾經被安排至別府本願寺的別院工作過，而他也在別府學會了喝酒與玩女人。

河村的父親是我師兄，後來被犬飼町的淨流寺收為養子，並生下河村兩兄弟。

河村的哥哥繼承了家裡的寺院，而弟弟的狀況則如我剛才所述。在河村之後才來到我家的寶雲現在也當了富山縣某寺院的住持了，但他年輕時還學會去當鋪典當這種行為。由於河村逼寶雲招供，而寶雲也的確做了虧心事，所以就認了。

「是，是我做的。」寶雲說。

「是你啊？」我不禁笑出來。

其實我家根本沒什麼工作可以給這些年輕人做，只好讓他們打掃打掃庭院、幫忙跑跑腿。每天讓他們吃得飽飽的，還給他們買香菸的錢。他們就這樣叼著煙去上學，還常向我妻子拿每個月的學費啦、交通費、教材費一堆錢。讓他們住的也是一人一間六疊或四疊半的房間，可是看他們也沒好好唸書，每天只會睡覺。

「原來如此。現在我知道為什麼蕗蕎會跑出來了，可是梅子燒酒又是哪隻老鼠喝的呢？」我問。

「這我就不知道了。」寶雲理直氣壯地說。

老鼠喝剩的梅子燒酒與梅子燒酒的陳列櫃。

女傭們都在說廚房的水杯不見了。仔細一看，櫃子下面不是有許多水杯的碎片嗎？

「健治，你剛才說不知道蕗蕎是誰拿出來的，那你知道些什麼呢？」我又問。

「燒酒是我喝的。」他說。

「哼哼，所以蕗蕎是寶雲偷吃的，而燒酒是你偷喝的啊！怪不得你一直強調蕗蕎的事你不知道。」等我說完，就讓他們兩個離開了。

於是我又對河村說：「是你的監督不周啊！」

「是。」他答道。

說完我站上梯子一看，上層放的兩瓶二十八年分的五升梅子燒酒居然都只剩下一半！而蕗蕎也是，二十八年醃的五瓶沒有放辣椒、老少咸宜的三升瓶中，有兩瓶只剩一半了。

那天晚上，一個以前在我家幫忙，後來嫁給建築工的女性來我家玩，順便住了一晚。

「老爺對河村一句責備的話都沒有，但其實河村都在睡前偷喝那些酒。我曾經阻止過他，可是他依然故我。他看另外兩個人被罵卻一副事不關己的樣子，根本沒資格當管理員。」她向我妻子告狀。

原來如此，的確是個監守自盜的管理員。

接著，為了土用整理而將醬菜從櫃子上拿下來的女傭向我報告：「三十三年、四年、五年、六年這四年的梅子燒酒是一瓶都找不到，連瓶子都不見蹤影。」

我跑去看，的確都不見了。本來應該還有五升的藍瓶子，現在也全沒了。我所有的五升瓶全都消失了。

「難道是犯人為了湮滅證據，喝完後將瓶子打碎後丟掉了？」

不過這小偷也真叫人佩服。雖然那些酒都是喝剩下的，但畢竟一瓶原本有五升的量。所以一瓶剩下的量換算成一般梅酒的容量也有一瓶半至二十瓶這麼多。即使小偷一個月只喝一瓶，連續兩年喝下來也是很可觀的。

「畢竟酒是越陳越香啊！」我只說了這麼一句，然後笑了起來。

想到這個小偷每晚拿醃蕗蕎當下酒菜小酌的模樣，就讓我忍不住想笑。

長年出入我家的塗裝工頭告訴我：「河村君每天晚上都喝酒喔！他還跟我說他酒量不錯。」

不過我家有那麼多醃醬菜用的燒酒、清酒和味醂他都不碰，只喝梅子燒酒，還真是嘴巴很刁呢！

相信偷來的酒一定更好喝吧！

1 西元一八五八～一九一九年，佛教哲學家、教育家。

出處及使用文字符號

*本書之原文來自《味噌大學》（《味噌大學》 文藝社出版於昭和四十四年七月三十一日）

*使用之文字、符號等皆沿襲原文。

*以現代觀點來看，本文中有一些歧視性的形容及用詞，但考慮當時時代背景及作者並無煽動歧視之意圖，故保留原文未加刪改。

味噌大學 / 三角寬著 ; 程健蓉譯. -- 初版. -- 新北市
: 遠足文化, 民102.03 -- (遠足飲食Supper ; 28)

ISBN 978-986-5967-77-2(精裝)

1.味噌 2.飲食風俗

427.61 102000298

遠足飲食 Supper 28
味噌大學
初版一刷 中華民國102年3月

作者 三角寬
譯者 程健蓉
主編 郭昕詠
行銷主任 叢榮成
特約編輯 林美琪
封面設計 霧室
排版 健呈電腦排版股份有限公司

社長 郭重興
發行人兼出版總監 曾大福
執行長 呂學正
出版者 遠足文化事業股份有限公司
地址：231 台北縣新店市民權路 108-3 號 6 樓
電話：(02)22181417
傳真：(02)22181142
E-mail：service@sinobooks.com.tw
郵撥帳號 19504465
客服專線 0800221029
部落格 http://777walkers.blogspot.com/
網址 http://www.sinobooks.com.tw
法律顧問 華洋法律事務所 蘇文生律師
印製 成陽印刷股份有限公司 電話：(02)22651491